KISP

Prof. Kunow + Partner

Annette Kunow

Numerische Dynamik

Theoretische Grundlagen - Praxisbeispiele

Numerische Modellbildung

COPYRIGHT © 2019

NAME: Annette Kunow

ADRESSE: Baumhofstr. 39 d, 44799 Bochum

Web: www.kisp.de

E-Mail: info@kisp.de

Tel: 02349730006

Illustration: Annette Kunow

ISBN Nummer: 978-3-96695-001-5

Vorwort

Die Numerische Dynamik ist ein bedeutender Bestandteil der Ingenieurausbildung. Sie vermittelt die physikalischen Zusammenhänge, um Konstruktionen unter bewegten Belastungen zu dimensionieren.

Im 2. Kapitel werden zunächst die Grundlagen betrachtet. Diese Grundlagen sind aus der Technischen Mechanik III – Dynamik/ Kinetik – bekannt. Deshalb werden sie hier sehr kurz gehalten.

In den folgenden Kapiteln wird das Prinzip der dynamischen Berechnung anhand des Einmassenschwingers, des Systems mit zwei Freiheitsgraden und des Mehrmassensystems hergeleitet.

Danach wird eine dynamische Berechnung für das Kontinuum, ein Balkensystem, gezeigt.

Die zu den hier gelisteten Aufgaben gehörigen Lösungen sind ausführlich in "Übungen zur Numerischen Dynamik" dargestellt. Online werden die dazugehörigen Eingaben in die Programme (EXCEL, MATLAB) hinzugefügt.

Dieses Buch entstand aus dem Skript der Vorlesung Numerische Dynamik, die ich seit 1989 kontinuierlich an der Hochschule Bochum im Fachbereich Mechatronik und Maschinenbau hielt.

Bochum, im Dezember 2018

Prof. Dr.-Ing. Annette Kunow

Hier können Sie eine kostenlose Strategie-Session buchen oder schreiben Sie mir, wenn Ihnen dieses Buch gefällt und Sie Anregungen oder Fragen haben.

Hier kommen Sie zum kostenlosen Bonusmaterial zum Buch.

Besuchen Sie auch meinen Blog „Selbstführung & Produktivität". Ich helfe Ihnen, bessere Ergebnisse zu erzielen.

Inhaltsverzeichnis

1 EINLEITUNG

Die Numerische Dynamik ist ein bedeutender Bestandteil in der Ingenieurausbildung. Sie vermittelt die physikalischen Zusammenhänge, um Konstruktionen unter bewegten Belastungen zu dimensionieren.

Hier wird auf die Grundlagen der Technischen Mechanik III-Kinetik oder Dynamik[1] und der Physik aufgebaut. Diese Grundlagen werden im Folgenden als bekannt vorausgesetzt.

Die Verständnis des Einmassenschwingers ist gerade für die Modale Analyse, die den meisten numerischen CAE-Programmen zugrunde liegt, von großer Bedeutung. Deshalb wird das Buch in Bezug auf dieser Schwingungsdifferentialgleichung aufgebaut.

Durch den Zweimassenschwinger wird der Weg zum Differentialgleichungssystem und deren Lösung hergeleitet.

Im letzten Schritt wird am Kontinuum gezeigt, wie sich durch eine FOURIER-Reihenentwicklung das Differentialgleichungssystem und deren Lösungen entwickeln.

In den weiteren Kapiteln wird dann dieses System in Matrixschreibweise für die numerische Analyse hergeleitet.

---

[1] Kunow, Technische Mechanik I-III, Grundlagen und vollständig gerechnete Übungsaufgaben

2 GRUNDBEGRIFFE

Lehrziel des Kapitels

     o   Darstellung der physikalischen Größen

Formeln des Kapitels

Mit der Zeit veränderlicher Ort

(2.1): $y = y(t)$

Periodische Schwingung

(2.2): $y(t) = y(t + T)$ für jedes t.

Schwingdauer, Periodendauer oder Periode T, bzw. Frequenz und Eigenkreisfrequenz ω.

(2.3): $f = \dfrac{1}{T} = \dfrac{\omega}{2\pi} \left[\dfrac{1}{\text{sec}} = \text{Hz} \right]$,

Ausschlag der Schwingung, die Amplitude

(2.4): $y_m = \dfrac{y_{max} - y_{min}}{2}$

Als Schwingung bezeichnet man einen Vorgang, bei dem sich eine physikalische Größe mit der Zeit so ändert, dass sich gewisse Merkmale wiederholen, zum Beispiel die Bewegung eines Kolbens, die Auslenkung eines Pendels oder der Ausschlag einer Feder.

Die physikalische Größe

$$(2.1): \quad y = y(t)$$

ändert sich mit der Zeit t und beschreibt den zeitlich veränderlichen Ort des Systems.

Eine wichtige Gruppe der Schwingungen in der Technik bilden die periodischen Schwingungen. Dort wiederholt sich die physikalische Größe

$$(2.2): \quad y(t) = y(t + T) \quad \text{für jedes } t.$$

nach bestimmten Zeitintervallen T.

Der kleinste, feste Zeitabschnitt T, nach dem sich der Vorgang wiederholt, wird als Schwingdauer, Periodendauer oder Periode bezeichnet. Es ist der Kehrwert der Frequenz

$$(2.3): \quad f = \frac{1}{T} = \frac{\omega}{2\pi} \left[\frac{1}{\sec} = Hz \right],$$

beziehungsweise der Eigenkreisfrequenz ω.

Hier sei darauf hingewiesen, dass die in der Technik verwendete Eigenfrequenz oder Frequenz f mit der Eigenkreisfrequenz aus der Schwingungsdifferentialgleichung ω den Faktor $\frac{1}{2\pi}$ gleichzusetzen ist.

Der Ausschlag der Schwingung, die Amplitude, ergibt sich aus der maximalen und minimalen Auslenkung

$$(2.4): \quad y_m = \frac{y_{max} - y_{min}}{2}$$

und gibt die Größe der Schwingung an. Die Frequenz definiert die Schnelligkeit des Schwingungsvorgangs.

Schwingungsdifferentialgleichungen entstehen durch die Aufstellung der NEWTONschen Bewegungsgleichungen oder des d´ALEMBERTschen Prinzips durch rückstellende Kräfte, zum Beispiel Federkräfte oder Gewichtskräfte, die eine Schwingbewegung hervorrufen.

Beispiel

- o Anwendung der NEWTONschen Bewegungsgleichungen auf einer Kreisbahn
- o Bestimmung des zeitabhängigen Momentes auf einen Kragarm
- o Bestimmung der Schwingungsdifferentialgleichung
- o Bestimmung der Eigenkreisfrequenz des Systems

An einer Schaukel hängt eine Punktmasse m. Sie wird aus der horizontalen Lage C losgelassen.

gegeben: l, m, r

gesucht: a) Bestimmung des Einspannmoments $M = M(\varphi)$ in B und des Winkels φ, an dem das Moment M maximal ist, b) die Schwingungsdifferentialgleichung, c) die Eigenkreisfrequenz des Systems.

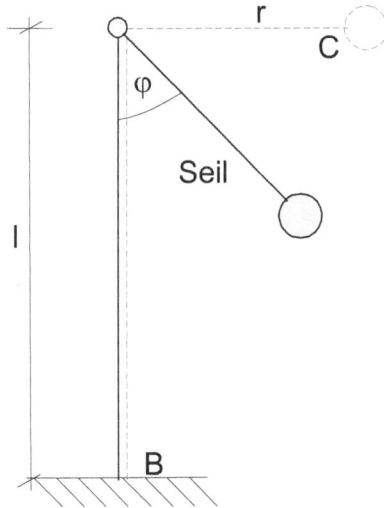

Bild 2.1 Schaukel mit einer Punktmasse m

Lösung

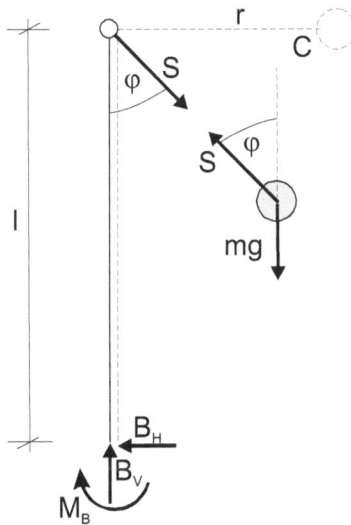

Bild 2.2 Schnittbild

Die NEWTONschen Bewegungsgleichungen am Balken lauten

$(2.5):$ B $M_B = M(\varphi) = -\,S\,l\,\sin\varphi,$

und an der Kugel

$(2.6):$ $\searrow:$ $m\,a_n = \dfrac{m\,v^2}{r} = S - m\,g\,\cos\varphi.$

Mit dem Energiesatz

$(2.7):$ $m\,g\,r\,\cos\varphi = \dfrac{1}{2}\,m\,v^2$

ergibt sich die Seilkraft zu

$(2.8):$ $S = 2\,m\,g\,\cos\varphi + m\,g\,\cos\varphi = 3\,mg\,\cos\varphi.$

Das Einspannmoment ist damit

$(2.9):$ $M_B = M(\varphi) = -\,3\,m\,g\,l\,\cos\varphi\,\sin\varphi.$

Das maximale Moment M_{max} ergibt sich für

$\varphi = \pm 45^0\ (\pm 135^0)$, wobei hier nur $\varphi = \pm 45^0$ interessiert

$$(2.10): \quad \frac{dM}{d\varphi} = -\,3\,m\,g\,l\,(-\sin\varphi\sin\varphi + \cos\varphi\cos\varphi)$$

$$= -\,3\,m\,g\,l\,(\cos^2\varphi - \sin^2\varphi) =$$

$$= -\,3\,m\,g\,l\,(\cos\varphi - \sin\varphi)(\cos\varphi + \sin\varphi) = 0.$$

$$(2.11): \quad \frac{d^2M}{d^2\varphi} = 3\,m\,g\,l\,(2\cos\varphi\sin\varphi)\,\Big|_{+45^0} > 0 \; \text{Minimum},$$

$$(2.12): \quad \frac{d^2M}{d^2\varphi} = 3\,m\,g\,l\,(2\cos\varphi\sin\varphi)\,\Big|_{-45^0} < 0 \; \text{Maximum}.$$

b) Die **Schwingungsdifferentialgleichung** ergibt nach einiger Umstellung sich zu

$$(2.13): \quad mr\ddot{\varphi} + m\,g\sin\varphi = 0,$$

linearisiert in φ

$$(2.14): \quad \ddot{\varphi} + \frac{g}{r}\varphi = 0.$$

c) Die **Eigenkreisfrequenz** lautet

$$(2.15): \quad \omega = \sqrt{\frac{g}{r}}.$$

Beispiel

- o System von zwei Massenpunkten
- o Aufstellen der NEWTONschen Bewegungsgleichungen
- o Physikalische Bindung durch Haftung
- o Aufstellen der Schwingungsdifferentialgleichung
- o Bestimmung der Eigenkreisfrequenz

Beim Auffahren eines Güterwagens (Gewicht G) auf einen Prellbock (Federsteifigkeit c) kommt eine auf der rauen Plattform (Haftungskoeffizient μ_0) liegende flache Kiste (Gewicht Q) ins Rutschen. Die Massen der Räder und des Prellbockpuffers sind vernachlässigbar klein.

gegeben: G, Q, μ_0, c

gesucht: a) Bestimmung der Mindestgeschwindigkeit v des Wagens, die zum Aufprall notwendig gewesen ist, b) Bestimmung der Schwingungsdifferentialgleichung, c) Bestimmung der Eigenkreisfrequenz

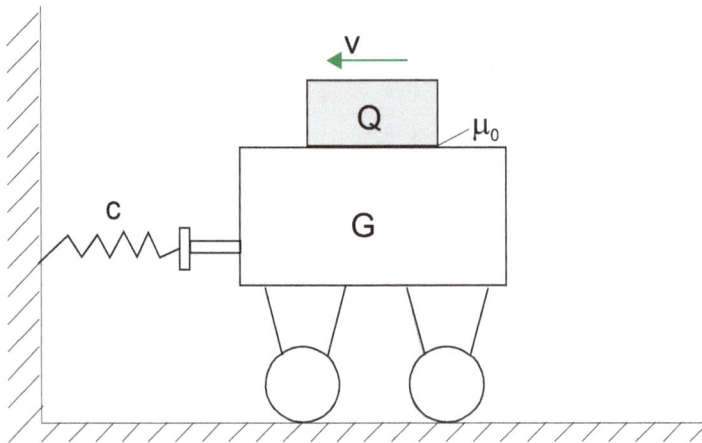

Bild 2.3 Güterwagen fährt auf einen Prellbock

Lösung

Die Kiste kommt ins Rutschen, wenn die Haftung $|H| \leq \mu_0 N$ überwunden wird, das heißt, wenn die Kraft auf den Prellbock $F > \mu_0 N$ größer als die Haftung ist.

Der Bewegungsablauf setzt sich aus drei Bewegungen zusammen: vorher gilt zwischen Kiste und Wagen Haftung $|H| < \mu_0 N$, beim Beginn des Rutschens tritt die Grenzhaftung $|H| = \mu_0 N$ auf, wenn die Kiste die Grenzhaftung überwunden hat, tritt Rutschen auf $R = \mu N < \mu_0 N$.

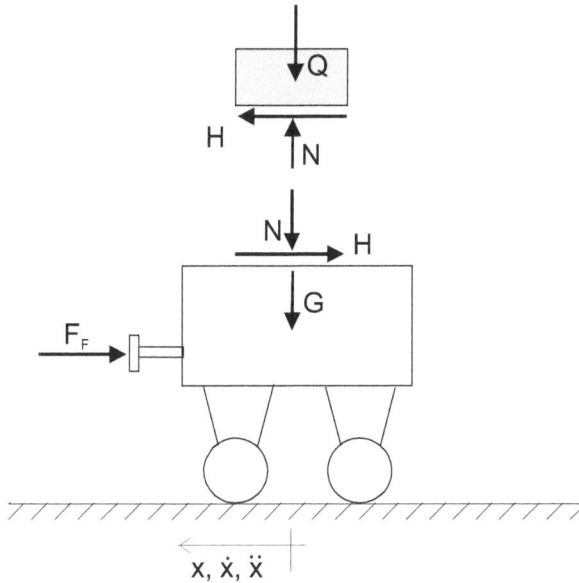

Bild 2.4 Schnittbild

Wenn Haftung herrscht, haben beide Massenpunkte dasselbe Koordinatensystem

$$(2.16): \quad \dot{x}_1 = \dot{x}_2 = \dot{x}, \qquad \ddot{x}_1 = \ddot{x}_2 = \ddot{x}.$$

Die Richtung von H durch das Betragszeichen beliebig wählbar.

Die NEWTONsche Bewegungsgleichungen lauten

$$(2.17): \quad \frac{Q}{g}\ddot{x} = H,$$

$$(2.18): \quad \frac{G}{g}\ddot{x} = -H - F_F.$$

(2.17) + (2.18) und dem Federgesetz

$$(2.19): \quad F_F = cx,$$

ergeben

$$(2.20): \quad \left(\frac{Q}{g} + \frac{G}{g}\right)\ddot{x} = -cx \quad \Rightarrow \quad \ddot{x} = -\frac{c \cdot g}{G + Q}x,$$

in (2.17)

$$(2.21): \quad H = -\frac{Q}{G + Q}cx.$$

Die Bedingung für Grenzhaftung ist, das heißt, der Körper Q beginnt gerade, sich zu bewegen,

$$(2.22): \quad |H| = \mu_0 N = \mu_0 Q \quad \Rightarrow x = \mu_0 \, Q \frac{G + Q}{c \, Q} = \mu_0 \frac{G + Q}{c}.$$

Die Berechnung der Geschwindigkeit erfolgt mit dem Energiesatz

$$(2.23): \quad \frac{1}{2}\frac{G + Q}{g}v^2 = \frac{1}{2}cx^2.$$

Daraus folgt die Geschwindigkeit

$$(2.24): \quad v^2 = \frac{c \cdot g}{G + Q}\mu_0^2 \left(\frac{G + Q}{c}\right)^2 = g\mu_0^2 \frac{G + Q}{c}.$$

Die Mindestgeschwindigkeit ist somit unabhängig vom Gewichtsver-

hältnis $\dfrac{Q}{G}$

$$(2.25): \quad v_{min} = \mu_0 \sqrt{\frac{g}{c}(G+Q)} = \mu_0 \sqrt{\frac{g}{c}G_{ges}} \, .$$

Die Schwingungsdifferentialgleichung ergibt sich zu

b) Die **Schwingungsdifferentialgleichung** lautet

$$(2.26): \quad \left(\frac{G}{g}+\frac{Q}{g}\right)\ddot{x} + cx = 0.$$

$$(2.27): \quad \omega = \sqrt{\frac{cg}{G+Q}} \, .$$

Hier können Sie eine kostenlose Strategie-Session buchen oder schreiben Sie mir, wenn Ihnen dieses Buch gefällt und Sie Anregungen oder Fragen haben.

Hier kommen Sie zum kostenlosen Bonusmaterial zum Buch.

Besuchen Sie auch meinen Blog „Selbstführung & Produktivität". Ich helfe Ihnen, bessere Ergebnisse zu erzielen.

3 EINMASSENSYSTEM

Formeln des Kapitels

Lösung des ungedämpften, erregten Systems

Erregung durch die harmonische Cosinusfunktion als Einzelkraft

$F = \overline{F}_0 \cos \Omega t.$

Lineares Federgesetz

(3.1): $F_F = c\,x,$

Gewichtskraft G

(3.2): $G = mg$

Inhomogene Differentialgleichung

(3.3): $m\ddot{x}(t) + cx(t) = m\,g + \overline{F}_0 \cos \Omega t.$

Eigenkreisfrequenz ω, bzw. der Eigenfrequenz f

$$(3.6): \quad \omega = \sqrt{\frac{c}{m}} = 2\pi f.$$

Gesamtlösung für die Verschiebung x

$$(3.7): \quad x_{ges} = x_{hom} + x_{part}.$$

Lösung der homogenen Gleichung x_{hom}

$$(3.8): \quad x_{hom} = A \cos\omega t + B \sin\omega t,$$

Lösungsansatz für die partikuläre Lösung

$$(3.9): \quad x_{part} = C \sin\Omega t + E \cos\Omega t + x_{stat,G},$$

Verschiebung der statischen Auslenkung, die statische Ruhelage

$$(3.10): \quad x_{stat,G} = \frac{g}{\omega^2}$$

Mit dem partikulären Lösungsansatz

$$(3.11): \quad x_{part} = C \sin\Omega t + E \cos\Omega t$$

Gesamtverschiebung des ungedämpften Einmassenschwingers

$$(3.18): \quad x_{ges} = A \cos\omega t + B \sin\omega t + \frac{F_0}{\omega^2 - \Omega^2} \cos\Omega t \,.$$

Anfangsbedingungen in der Gesamtlösung

$$(3.20): \quad x(t=0) = x_0$$

$$(3.21): \quad \dot{x}(t=0) = v_0 \,.$$

Gesamtverschiebung der Einzelmasse

$$(3.22): \quad x_{ges} = (x_0 - \frac{\Omega}{\omega}\frac{F_0}{\omega^2 - \Omega^2}) \cos\omega t + \frac{v_0}{\omega} \sin\omega t$$

$$+ \frac{F_0}{\omega^2 - \Omega^2} \cos\Omega t \,.$$

Resonanzansatz

$$(3.23): \quad x_{part} = A\, t \sin\omega t$$

Gesamtverschiebung der Einzelmasse bei Resonanz

$$(3.24): \quad x_{part} = \frac{F_0}{2\,\omega}\, t \sin\omega t.$$

Lösung des gedämpften, erregten Systems

Dämpferkraft F_D

$$(3.27): \quad F_D = 2\delta m \dot{x}.$$

Inhomogene Differentialgleichung mit Dämpfung

$$(3.28): \quad m\ddot{x} + 2\delta m\dot{x} + cx = mg + \overline{F}_0 \cos \Omega t,$$

Eigenkreisfrequenz ω_d des gedämpften Systems

$$(3.30): \quad \omega_d = \sqrt{\omega^2 - \delta^2}.$$

Kritischer Dämpfungsfaktor

$$(3.33): \quad D = \frac{\delta}{\omega}$$

Gesamtlösung des Systems

$$(3.40): \quad x_{ges} = e^{-\delta t}(A \cos\omega t + B \sin\omega t)$$
$$+ \frac{-2\,\delta\,\Omega\,F_0}{(\omega^2 - \Omega^2)^2 + (2\,\delta\,\Omega)^2} \sin\Omega t$$
$$+ \frac{(\omega^2 - \Omega^2)\,F_0}{(\omega^2 - \Omega^2)^2 + (2\,\delta\,\Omega)^2} \cos\Omega t.$$

Erregertypen

Erregung über eine Feder

$$(3.41): \quad x_F(t) = x_0 \cos \Omega t$$

Inhomogene Differentialgleichung

$(3.43):\quad m\ddot{x} + 2\delta m\dot{x} + cx = cx_F = cx_0 \cos \Omega t$

Erregerkraft

$(3.45):\quad F_F(t) = = \omega^2 x_0 \cos \Omega t$

Krafterregung

$(3.46):\quad F(t) = = \overline{F}_0 \cos \Omega t$

$(3.47):\quad x_0 = \dfrac{\overline{F}_0}{c} = \dfrac{F_0\, m}{c} = \dfrac{F_0}{\omega^2}$

Erregung über einen Dämpfer

$(3.48):\quad x_D(t) = = x_0 \cos \Omega t$

$(3.50):\quad m\ddot{x} + 2\delta m\dot{x} + cx = 2\delta m\dot{x}_D = 2\delta m x_0 \cos \Omega t$

Erregerkraft

$(3.52):\quad F_D(t) = 2\delta x_0 \Omega \sin \Omega t = 2\,D\, x_0 \eta \omega^2 \cos\Omega t$

Verhältnis η

$(3.53):\quad \eta = \dfrac{\Omega}{\omega}$

Der Einmassenschwinger ist das wichtigste System überhaupt, um dynamische Berechnungen zu verstehen und zu überprüfen. Die meisten dynamischen Berechnungen beruhen auf einer Methode, der Methode der Modalen Superposition, in der die Gesamtlösung, zum Beispiel die zeitlich veränderlichen Spannungen oder Verformungen, des jeweiligen dynamischen Problems durch die Überlagerung der Einzellösungen einzelner Einmassenschwinger unter dieser dynamischen Belastung entsteht. Dabei werden die Eigenkreisfrequenzen der Einmassenschwinger so variiert, dass sie das Problem richtig wiedergeben.

3.1 Lösung des ungedämpften, erregten Systems

Die einfachste Lösung liefert der ungedämpfte Einmassenschwinger. Er besteht aus einer Punktmasse m, die durch eine Feder mit der Federkonstanten c gehalten und durch eine Einzelkraft $F = \overline{F}_0 \cos \Omega t$.

belastet wird. Die dynamische Belastung, auch Erregung genannt, verändert sich mit der harmonischen Cosinusfunktion. Die Feder folgt einem linearen Federgesetz. In Bild 3.1 ist das System in Ruhe, die Punktmasse befindet sich zum Zeitpunkt t=0 bei x=0.

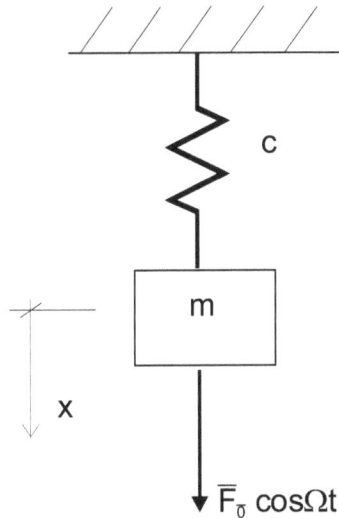

Bild 3.1 Einmassenschwinger unter einer harmonischen Einzelkraft
$$\overline{F}_0 \cos \Omega t.$$

Um die Bewegungsgleichungen aufstellen zu können, wird die Punktmasse um den Weg $x(t)=x$ ausgelenkt. Dadurch entsteht in der Feder eine Federkraft, die wie in der Statik mit Hilfe eines Schnittbildes am ausgelenkten System sichtbar gemacht wird (Bild 3.2). Dort wird die Federkraft F_F

(3.1): $\quad F_F = c\,x,$

und die Gewichtskraft G

(3.2): $\quad G = mg$

eingetragen.

Aus der Gleichgewichtsbedingung in x-Richtung erhält man eine inhomogene Differentialgleichung für das System

$$(3.3): \quad m\ddot{x}(t) + cx(t) = m\,g + \overline{F}_0 \cos \Omega t.$$

Um diese Differentialgleichung zu lösen, wird die Gleichung durch die Masse m geteilt. Das ergibt

$$(3.4): \quad \ddot{x}(t) + \omega^2 x(t) = g + F_0 \cos \Omega t,$$

mit der harmonischen Lasterregung

$$(3.5): \quad F_0 = \frac{\overline{F}_0}{m}$$

und der Eigenkreisfrequenz ω, bzw. der Eigenfrequenz f des unge-dämpften Systems

$$(3.6): \quad \omega = \sqrt{\frac{c}{m}} = 2\pi f.$$

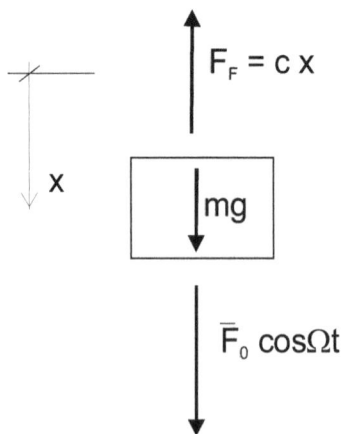

Bild 3.2 Schnittbild des Einmassenschwingers

Die Gesamtlösung für die Verschiebung x setzt sich aus der Lösung der homogenen Gleichung x_{hom} und der Lösung der partikulären oder inhomogenen Gleichung x_{part} zusammen

$$(3.7): \quad x_{ges} = x_{hom} + x_{part}.$$

Die Lösung der homogenen Gleichung x_{hom} lautet

$$(3.8): \quad x_{hom} = A\cos\omega t + B\sin\omega t,$$

mit den freien Konstanten A und B.

Mit einem Lösungsansatz für die partikuläre Lösung

$$(3.9): \quad x_{part} = C\sin\Omega t + E\cos\Omega t + x_{stat,G},$$

wird die Lösung der partikulären Gleichung x_{part} erstellt. Hier wird der Funktionstyp der Erregerfunktion als Ansatzfunktion gewählt. Die Konstanten C, E und $x_{stat,G}$ müssen dafür noch bestimmt werden.

Der Term m g auf der rechten Seite der Differentialgleichung (3.4) liefert die Verschiebung der statischen Auslenkung

$$(3.10): \quad x_{stat,G} = \frac{g}{\omega^2}$$

infolge des Gewichts G. Diese Verschiebung kann hier vernachlässigt werden. Hier interessiert nur die dynamische Lösung des Problems.

Mit einem weiteren Lösungsansatz, der diesen Term vernachlässigt,

$$(3.11): \quad x_{part} = C \sin\Omega t + E \cos\Omega t$$

schwingt die Masse um ihre statische Ruhelage.

Nach dem Einsetzen von (3.11) und deren 2. Ableitung nach der Zeit

$$(3.12): \quad \ddot{x}_{part} = -\Omega^2 (C \sin\Omega t + E \cos\Omega t)$$

in (3.4) ergeben sich durch einen Koeffizientenvergleich

$$(3.13): \quad (\omega^2 - \Omega^2)E = F_0$$

$$(3.14): \quad (\omega^2 - \Omega^2)C = 0$$

die Konstanten C und E zu

$$(3.15): \quad E = \frac{F_0}{\omega^2 - \Omega^2} ,$$

$$(3.16): \quad C = 0$$

In (3.11) eingesetzt lautet die partikuläre Lösung

$$(3.17): \quad x_{part} = \frac{F_0}{\omega^2 - \Omega^2} \cos\Omega t .$$

Sie ist vom Typ der Erregerfunktion und hängt von der Lastamplitude F_0 und von der Differenz der Eigenkreisfrequenz ω und der Erregerfrequenz Ω ab, die jeweils quadratisch eingehen.

Damit lautet die Gesamtverschiebung des ungedämpften Einmassen-schwingers

$$(3.18): \quad x_{ges} = A\cos\omega t + B\sin\omega t + \frac{F_0}{\omega^2 - \Omega^2}\cos\Omega t .$$

Hierin ist die statische Auslenkung der Punktmasse infolge der Kraft F_0

$$(3.19): \quad x_{stat,F} = \frac{F_0}{\omega^2} = \frac{\overline{F}_0}{m\omega^2}$$

unter der Last $\overline{F}_0$ enthalten. Man erhält sie, indem man in (3.18) die Erregerfrequenz Ω zu Null setzt.

Die Konstanten A und B werden mit Hilfe der Anfangsbedingungen in der Gesamtlösung bestimmt. Die Anfangsbedingungen sind die Verschiebung x_0 und die Geschwindigkeit v_0 der Punktmasse zum Zeitpunkt t=0

$$(3.20): \quad x(t = 0) = x_0$$

$$(3.21): \quad \dot{x}(t = 0) = v_0 .$$

Offensichtlich können auch ohne äußere Belastung zeitlich veränderliche Verschiebungen x nur durch die Anfangsverschiebung x_0 und die Anfangsgeschwindigkeit v_0 entstehen.

Durch sie kann die Gesamtlösung, die Verschiebung in x der Punktmasse unter einer harmonischen Lasterregung dargestellt werden

$$(3.22): \quad x_{ges} = (x_0 - \frac{F_0}{\omega^2 - \Omega^2}) \cos\omega t + \frac{v_0}{\omega} \sin\omega t$$

$$+ \frac{F_0}{\omega^2 - \Omega^2} \cos\Omega t.$$

Diese Lösung gilt für alle Verschiebungen x(t) für alle Werte Ω , außer $\omega = \Omega$.

Im Fall $\omega = \Omega$ wird der Nenner zweier Summanden von (3.22) zu Null. Man nennt diesen Fall Resonanz. Die Erregerfrequenz Ω stimmt mit der Eigenkreisfrequenz ω überein.

Durch einen speziellen Lösungsansatz, den Resonanzansatz,

$$(3.23): \quad x_{part} = A \, t \, \sin\omega t$$

erhält man für diesen Fall

$$(3.24): \quad x_{part} = \frac{F_0}{2\,\omega} \, t \, \sin\omega t.$$

Die Verschiebung wächst linear mit der Zeit t an. Die Auslenkung würde stetig bis zu einem unendlichen Wert anwachsen, wenn diese Belastung lange genug wirken würde.

Dieselbe Lösung kann man auch durch Grenzwertbildung nach der Regel von l´HÔPITAL erhalten. Die Lösung (3.17) wird für den Grenzwert $\omega \rightarrow \Omega$ untersucht. Da der Nenner zu Null

$$(3.25): \quad x_{part} \qquad = \frac{F_0 \cos\omega t}{\omega^2 - \omega^2}$$

$$\lim\Omega \rightarrow \omega$$

würde, wird der Zähler und Nenner jeweils nach Ω abgeleitet und abermals der Grenzwert $\Omega \to \omega$ gebildet:

$$(3.26): \quad x_{part} \quad = \frac{F_0 \cos \Omega t}{\omega^2 - \Omega^2} = \frac{F_0 t \sin \Omega t}{0 - 2\Omega} = -\frac{F_0}{2\omega} t \sin \omega t.$$
$$\lim \Omega \to \omega$$

Beide Berechnungsmethoden liefern dasselbe Ergebnis.

In der Praxis gibt es keine völlig ungedämpften Systeme. Dennoch ist der Resonanzfall auch in der Praxis von großer Bedeutung, da dabei die Verschiebungen eines Systems unzulässig groß werden können.

Deshalb wird nun am Einmassenschwinger gezeigt, wie sich die Gesamtlösung durch die Hinzunahme einer sehr einfachen Dämpfung verändert.

Hier sei auch noch einmal darauf hingewiesen, dass die Grundlage all dieser Betrachtungen das lineare Elastizitätsgesetz ist, das nur für kleine Verformungen gilt.

3.2 Lösung des gedämpften, erregten Systems

Das System wird mit Hilfe einer sehr einfachen Dämpfungsannahme gedämpft, der Flüssigkeitsdämpfung. Es besteht wieder aus einer Punktmasse m, die diesmal sowohl durch eine Feder mit der Federkonstanten c, als auch durch einen Dämpfer mit der Dämpfung 2δ mit der Aufhängung verbunden ist. Es wird wieder mit der Einzelkraft $\overline{F}_0 \cos \Omega t$ belastet (Bild 3.3). Das System befindet sich bei x=0 in Ruhe.

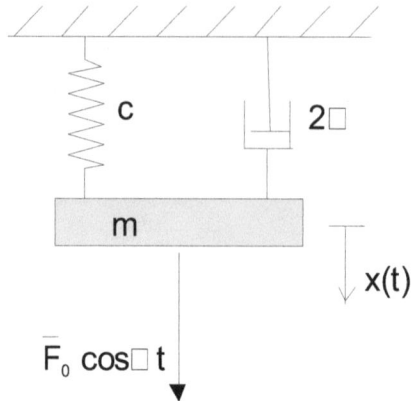

Bild 3.3 Gedämpfter Einmassenschwinger unter einer harmonischen

Einzelkraft $\overline{F}_0$ cosΩt

Um die Bewegungsgleichungen aufstellen zu können, wird die Punktmasse wieder um den Weg x ausgelenkt. Dadurch entsteht in der Feder eine Federkraft F_F und eine Dämpferkraft F_D (Bild 3.4)

$$(3.27): \quad F_D = 2\delta m \dot{x}.$$

Aus der Gleichgewichtsbedingung in x-Richtung erhält man wieder eine inhomogene Differentialgleichung für das System

$$(3.28): \quad m\ddot{x} + 2\delta m \dot{x} + cx = m\,g + \overline{F}_0 \cos \Omega t,$$

durch Division durch die Masse m lösbar wird

$$(3.29): \quad \ddot{x} + 2\delta \dot{x} + \omega^2 x = g + F_0 \cos \Omega t.$$

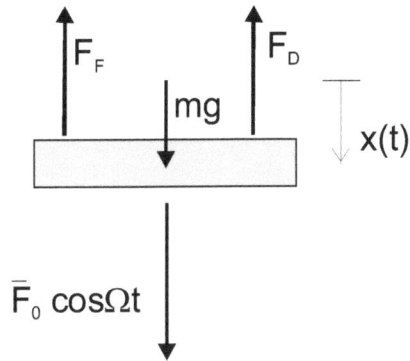

**Bild 3.4 Schnittbild des gedämpften Einmassenschwingers am ausge-
lenkten System**

Der Term g liefert wieder die statische Auslenkung infolge des Eigen-
gewichts (3.10) und wird im Folgenden wieder vernachlässigt.

Die Eigenkreisfrequenz ω_d. des gedämpften Systems lautet nun

$$(3.30): \quad \omega_d = \sqrt{\omega^2 - \delta^2}.$$

Sie wird also durch die Dämpfung kleiner als im ungedämpften System. Da die meisten technischen Probleme einen sehr kleinen Dämpfungsfaktor δ haben

$$(3.31): \quad \delta \ll \omega,$$

kann diese Differenz vernachlässigt werden. Es gilt daher für technische Probleme im Allgemeinen

$$(3.32): \quad \omega_d \approx \omega,$$

Weiter wird ein kritischer Dämpfungsfaktor durch das Verhältnis

$$(3.33): \quad D = \frac{\delta}{\omega}$$

definiert.

Die Gesamtlösung, die Verschiebung x, setzt sich wieder aus der Lösung der homogenen Gleichung x_{hom} und der Lösung der partikulären oder inhomogenen Gleichung x_{part} zusammen (3.7).

Die Lösung des homogenen Systems lautet

$$(3.34): \quad x_{hom} = e^{-\delta t}(A\cos\omega t + B\sin\omega t)$$

mit den freien Konstanten A und B.

Der Lösungsansatz (3.11) für die partikuläre Lösung liefert wieder durch den Koeffizientenvergleich

$$(3.35): \quad (\omega^2 - \Omega^2)E - 2\delta\Omega C = F_0$$

$$(3.36): \quad 2\delta\Omega E + (\omega^2 - \Omega^2)C = 0$$

die Koeffizienten C und E

$$(3.37): \quad C = \frac{-2\,\delta\,\Omega\,F_0}{(\omega^2 - \Omega^2)^2 + (2\,\delta\,\Omega)^2},$$

$$(3.38): \quad E = \frac{(\omega^2 - \Omega^2)\,F_0}{(\omega^2 - \Omega^2)^2 + (2\,\delta\,\Omega)^2}.$$

In (3.11) eingesetzt lautet die partikuläre Lösung

$$(3.39): \quad x_{part} = \frac{-2\,\delta\,\Omega\,F_0}{(\omega^2 - \Omega^2)^2 + (2\,\delta\,\Omega)^2}\sin\Omega t$$
$$+ \frac{(\omega^2 - \Omega^2)\,F_0}{(\omega^2 - \Omega^2)^2 + (2\,\delta\,\Omega)^2}\cos\Omega t.$$

Sie ist wieder vom Typ der Erregerfunktion und hängt von der Lastamplitude F_0 ab. Diesmal erscheinen beide Funktionstypen, die Sinus-Und die Cosinusfunktion. Die Terme im Nenner, die wieder die Eigenkreisfrequenz ω und die Erregerfrequenz Ω enthalten, können für keine Erregerfrequenz zu Null werden. Es kann also keine Resonanz auftreten.

Damit lautet die Gesamtlösung des gedämpften Einmassenschwingers

$$(3.40): \quad x_{ges} = e^{-\delta t}(A\cos\omega t + B\sin\omega t)$$
$$+ \frac{-2\,\delta\,\Omega\,F_0}{(\omega^2 - \Omega^2)^2 + (2\,\delta\,\Omega)^2}\sin\Omega t$$
$$+ \frac{(\omega^2 - \Omega^2)\,F_0}{(\omega^2 - \Omega^2)^2 + (2\,\delta\,\Omega)^2}\cos\Omega t.$$

Die Konstanten A und B werden wieder mit Hilfe der Anfangsbedingungen (3.20) und (3.21) in der Gesamtlösung wie oben durchgeführt bestimmt.

3.3 Erregertypen

Im vorigen Kapitel liegt eine harmonische Kraftanregung (3.5) vor. Die Erregerkräfte lassen sich im Allgemeinen in drei Erregertypen unterteilen.

Erregung über eine Feder

Ein gedämpfter Einmassenschwinger wird über den Endpunkt der Feder harmonisch mit

$$(3.41): \quad x_F(t) = x_0 \cos \Omega t$$

bewegt (Bild 3.5). Dann ist die Verlängerung der Feder durch $x_F - x$ gegeben. Aus dem Gleichgewicht in x – Richtung erhält man

$$(3.42): \quad m\ddot{x} = -2\delta m\dot{x} + c(x_F - x)$$

oder

$$(3.43): \quad m\ddot{x} + 2\delta m\dot{x} + cx = cx_F = cx_0 \cos \Omega t$$

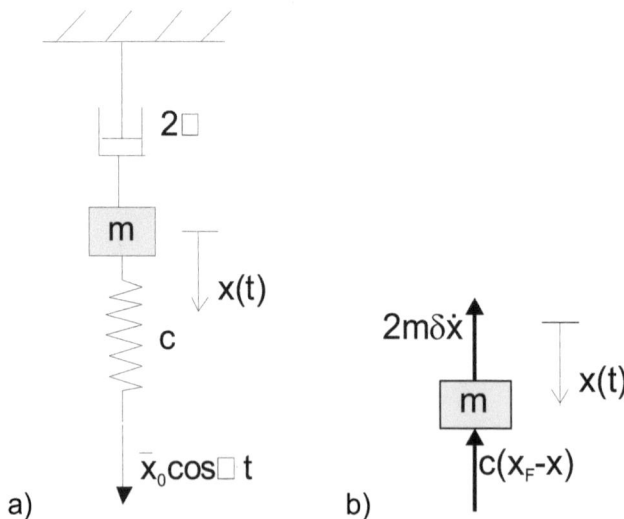

Bild 3.5 a) Erregung über eine Feder; b) Schnittbild der Punktmasse

Um die Differentialgleichung zu lösen, wird wieder durch die Punktmasse m dividiert. Man erhält

$$(3.44): \quad \ddot{x} + 2\delta\dot{x} + \omega^2 x = \omega^2 x_0 \cos \Omega t$$

Damit ergibt sich die Erregerkraft zu

$$(3.45): \quad F_F(t) = \omega^2 x_0 \cos \Omega t$$

Krafterregung

Wird ein gedämpfter Einmassenschwinger durch eine Kraft

$$(3.46): \quad F(t) = = \overline{F}_0 \cos \Omega t$$

harmonisch angeregt (Bild 3.3), erhält man dieselbe Gleichung wie für die Erregung über eine Feder, wenn man (3.25) durch m teilt und

$$(3.47): \quad x_0 = \frac{\overline{F}_0}{c} = \frac{F_0\,m}{c} = \frac{F_0}{\omega^2}$$

einsetzt.

Die Bewegung der Punktmasse führt bei der Krafterregung und der Erregung über eine Feder auf die gleiche Differentialgleichung, ist also von demselben Erregertyp.

Erregung über einen Dämpfer

Ein gedämpfter Einmassenschwinger wird über den Endpunkt des Dämpfers harmonisch mit

$$(3.48): \quad x_D(t) = x_0 \cos \Omega t$$

bewegt (Bild 3.6). Dann ist die Bewegung des Dämpfers mit $x_D - x$ gegeben. Aus dem Gleichgewicht in x – Richtung erhält man

$$(3.49): \quad m\ddot{x} = 2\delta m (\dot{x}_D - \dot{x}) - cx$$

oder

$$(3.50): \quad m\ddot{x} + 2\delta m\dot{x} + cx = 2\delta m\dot{x}_D = 2\delta m x_0 \cos \Omega t$$

Um die Differentialgleichung zu lösen, wird wieder durch die Punktmasse m dividiert. Man erhält

$$(3.51): \quad \ddot{x} + 2\delta\dot{x} + \omega^2 x = 2\delta x_0 \cos \Omega t,$$

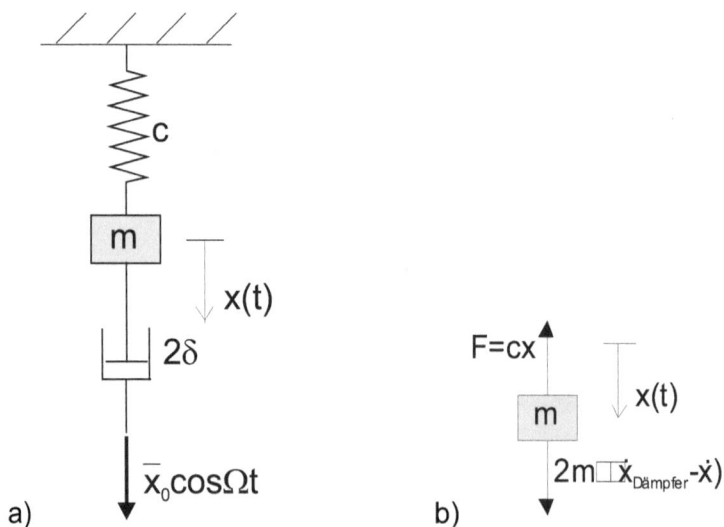

Bild 3.6 a) Erregung über einen Dämpfer; b) Schnittbild der Punktmasse

Damit ergibt sich die Erregerkraft zu

$$(3.52): \quad F_D(t) = 2\delta x_0 \Omega \sin \Omega t = 2 D x_0 \eta \omega^2 \cos\Omega t$$

mit dem Verhältnis η der Erregerfrequenz zur Eigenkreisfrequenz

$$(3.53): \quad \eta = \frac{\Omega}{\omega}$$

und dem kritischen Dämpfungsfaktor D (3.33).

Die drei Erregertypen führen also zu Differentialgleichungen für die Verschiebungen, die sich nur durch einen Faktor E_{dyn} unterscheiden. Alle drei Differentialgleichungen lauten somit

$$(3.54): \quad \ddot{x} + 2\delta\dot{x} + \omega^2 x = E_{dyn} x_0 \cos\Omega t,$$

wobei der Faktor

- $E_{dyn}=1$ für die Erregung über eine Feder oder eine Krafterregung,

- $E_{dyn}= 2D\eta$ für die Erregung über einen Dämpfer,

- $E_{dyn}= \eta^2$ für die Erregung durch eine rotierende Unwucht steht.

Die Gesamtlösung für die Verschiebung x setzt sich aus der Lösung der homogenen Gleichung x_{hom} und der Lösung der partikulären oder inhomogenen Gleichung x_{part} zusammen (3.7).

Aufgaben zu Kapitel 3

AUFGABE 3.1

- o Anwendung der NEWTONschen Bewegungsgleichungen in x- und y-Richtung

- o Schwingungsdifferentialgleichung mit Lösungen

Auf den Massenpunkt m wirkt eine Kraft F in Richtung auf das Zentrum Z die proportional zum Abstand r ist. Zur Zeit t=0 befindet sich die Masse im Punkt P_0 und hat dort die Geschwindigkeitskomponenten $v_x=v_0$ und $v_y=0$

gegeben: r_0, $F=k\,r$, v_0, α

gesucht: Bestimmung der Bahnkurve x(t) und y(t), auf der sich der Massenpunkt bewegt.

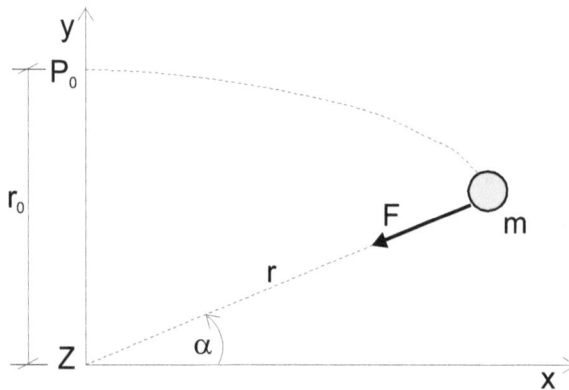

Bild 3.7 Massenpunkt m mit einer Kraft F in Richtung Z

LÖSUNG

$$\frac{x^2}{v_0^2 \frac{m}{k}} + \frac{y^2}{r_0^2} = 1 = \sin^2 \sqrt{\frac{k}{m}}\, t + \cos^2 \sqrt{\frac{k}{m}}\, t.$$

AUFGABE 3.2

- o Aufstellung der Impuls-Und Drehimpulsgleichungen

- o Vollplastischer Stoß

- o Berechnung aller Geschwindigkeiten und Winkelgeschwindig-keiten nach dem Stoß

- o Berechnung der maximalen Federauslenkung mit dem Ener-giesatz

Eine Punktmasse m_1 stößt plastisch mit der Geschwindigkeit v_0 auf einen homogenen Balken (Masse m_2, Länge l), der in A drehbar gelagert ist und bei B durch eine Feder (Federsteifigkeit c) gehalten wird.

gegeben: m_1, m_2, l, v_0, e=0, c, die Feder hat auf den Stoßvorgang keinen Einfluss

gesucht: Bestimmung der Größe der maximalen Federauslenkung x_{max}.

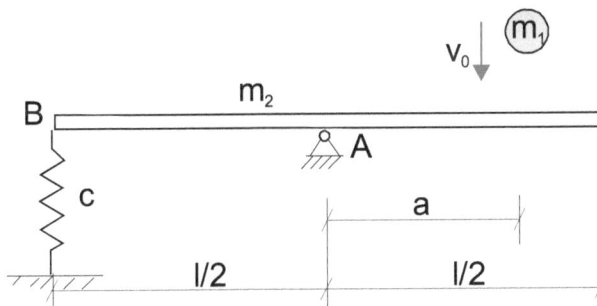

Bild 3.8 Punktmasse m_1 stößt plastisch auf einen homogenen Balken

LÖSUNG

$$x_{max\,1,2} = \frac{2\,a\,g\,m_1}{l\,c}\left(1+\sqrt{1+\frac{c\,l^2\,v_0^2}{4g^2 m_1^2(a^2+\frac{1}{12}m_2 l^2)}}\right).$$

AUFGABE 3.3

Es sind verschiedene Feder-Masse-Systeme (Masse m, Federsteifig-keit c, beziehungsweise c_1, c_2) gegeben.

gegeben: m, c, l, EI, c_1, c_2

gesucht: Bestimmung der Eigenkreisfrequenzen ω

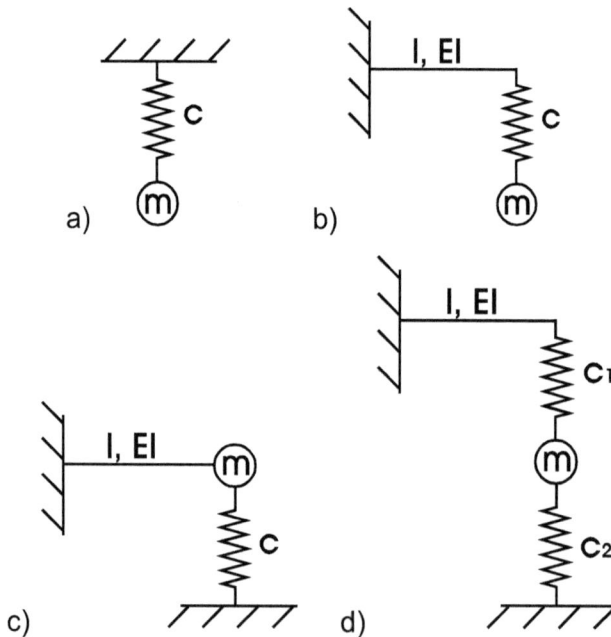

Bild 3.9 Masse-Feder-Systeme

LÖSUNG

a) $\omega = \sqrt{\dfrac{c_{ers}}{m}} = \sqrt{\dfrac{c}{m}}.$; b) $\omega = \sqrt{\dfrac{1}{m\left(\dfrac{1}{c} + \dfrac{l^3}{3EI}\right)}}.$; c) $\omega = \sqrt{\dfrac{c + \dfrac{3EI}{l^3}}{m}}.$;

d) $\omega = \sqrt{\dfrac{\dfrac{1}{\dfrac{1}{c_1} + \dfrac{l^3}{3EI}} + c_2}{m}}.$

AUFGABE 3.4

o Bestimmung der Schwingungsdauer eines masselosen Balkens mit einer Einzelmasse

Ein elastischer, gewichtsloser Balken, der auf zwei Federn (Federsteifigkeit c) gelagert ist, trägt in P eine Punktmasse m.

gegeben: l, c, E l, m

gesucht: Bestimmung der Schwingungsdauer T des Systems

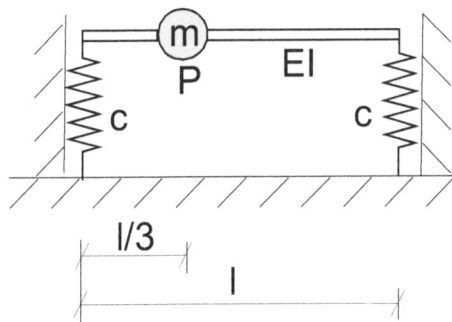

Bild 3.10 Elastischer, gewichtsloser Balken auf zwei Federn

LÖSUNG

AUFGABE 3.5

○ Bestimmung der Ersatzfedersteifigkeit eines Stabwerks

○ Bestimmung der Eigenkreisfrequenz eines Stabwerks

Für das skizzierte System muss die Eigenkreisfrequenz ω so bestimmt werden, dass sie so niedrig wie möglich wird. Der Balken sei dehnstarr und masselos.

gegeben: EA, EI, l, m

gesucht: Bestimmung der Ersatzfedersteifigkeit c, der Eigenkreisfrequenz ω und dem Einfluss des Stabwerks auf die Ersatzfedersteifigkeit c_{ers} des Gesamtsystems.

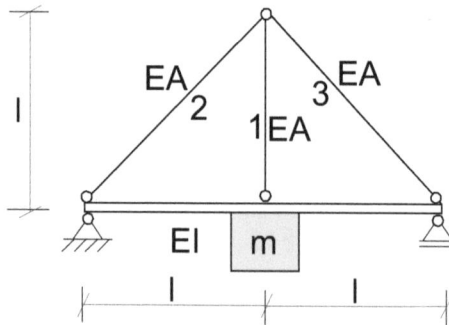

Bild 3.11 Dehnstarrer, masseloser Balken mit Einzelmasse

LÖSUNG

$$\omega^2 = \frac{24\,EI}{ml^3}\;;\quad c_{ers} = \frac{1}{f}.$$

AUFGABE 3.6

o Aufstellung der NEWTONschen Bewegungsgleichung

o Bestimmung der Ersatzfedersteifigkeit

o Bestimmung der Eigenkreisfrequenz

Eine Punktmasse m wird durch zwei Biegefedern (Länge l, Biegesteifigkeit EI_1, beziehungsweise EI_2) und eine Spiralfeder (Federsteifigkeit c) in der statischen Ruhelage gehalten.

gegeben: l, EI_1, EI_2, c, m

gesucht: Bestimmung der Eigenkreisfrequenz ω

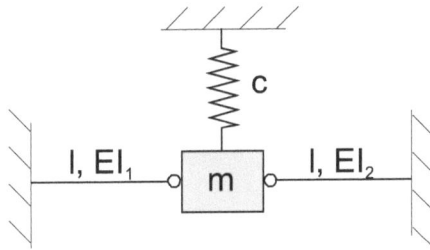

Bild 3.12 Punktmasse mit zwei Biegefedern und einer Spiralfeder

LÖSUNG

$$\omega^2 = \frac{1}{m}\left[c + \frac{3EI_1}{l^3} + \frac{3EI_2}{l^3} \right].$$

AUFGABE 3.7

Aufstellung der NEWTONschen Bewegungsgleichung

o Bestimmung der Eigenkreisfrequenz

o Lösung mit Hilfe des Energiesatzes

Ein Kolben schwingt mit kleinen Auslenkungen um die skizzierte Ruhelage.

gegeben: r, m, $\bar{c}$

gesucht: Bestimmung der Eigenkreisfrequenz ω

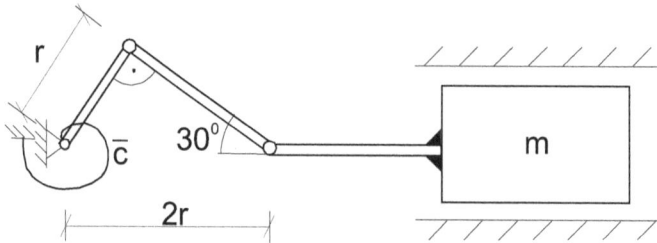

Bild 3.13 Kolben in seiner Ruhelage.

LÖSUNG

$$\omega^2 = \frac{3}{4} \frac{\bar{c}}{mr^2}.$$

AUFGABE 3.8

- Bestimmung der Schwingungsdifferentialgleichung und deren Lösung

- Bestimmung Schwingungsdauer des Systems

- Bestimmung des maximalen Auslenkwinkels für Nicht-Abheben der Zusatzmasse

Der Schwinger, bestehend aus starrem Balken (Masse m, Länge l), Feder c, Masse M und lose aufliegender Zusatzmasse ΔM, wird um den Winkel $+\varphi_0$ aus seiner statischen Ruhelage heraus ausgelenkt (für kleine Ausschläge) und zur Zeit t=0 losgelassen.

gegeben: l, m, c, M=2 m, $\Delta M = \dfrac{2}{3}m$

gesucht: Bestimmung der Differentialgleichung, die diese Schwingung beschreibt, und deren Lösung, der Schwingungsdauer T des Systems und des Betrags $\varphi_{0\,max}$ des Auslenkwinkels φ_0, wenn die Zusatzmasse nicht abheben soll.

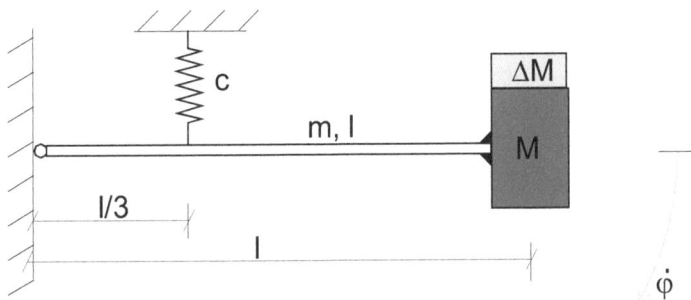

Bild 3.14 Schwinger aus Balken, Feder, Masse und lose aufliegender Zusatzmasse

LÖSUNG

$$\Delta M\, l\, \ddot{\varphi} = \Delta Mg - N. \; ; \; \varphi_{0max} < \frac{27gm}{c\,l}.$$

AUFGABE 3.9

- o Bestimmung der Bewegungsdifferentialgleichung für kleine Ausschläge

- o Bestimmung der Dämpferkonstante, wenn der Zeiger nach einer Anfangsauslenkung nicht mehr schwingen soll

- o Falldiskussion für das LEHRsche Dämpfungsmaß

Ein dünner stabförmiger Zeiger (Länge I, Masse m) ist in O durch eine Drehfeder (Drehfedersteifigkeit $\hat{c}$) elastisch eingespannt. In Zeigermitte ist ein geschwindigkeitsproportionaler Dämpfer angeschlossen (Dämpferkonstante r).

gegeben: m, l, r, $\hat{c}$

gesucht: Bestimmung der Bewegungsdifferentialgleichung für kleine Ausschläge, der Dämpferkonstante r, wenn der Zeiger nach einer Anfangsauslenkung nicht mehr schwingen soll.

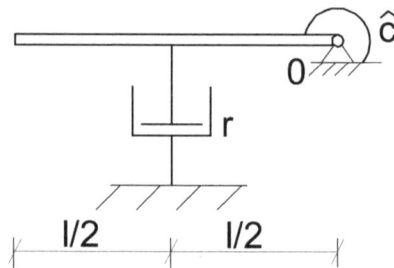

Bild 3.15 Dünner stabförmiger Zeiger durch Drehfeder in O elastisch eingespannt.

LÖSUNG

$$\ddot{\varphi} + \frac{3}{4}\frac{r}{m}\dot{\varphi} + \frac{3\hat{c}}{ml^2}\varphi = 0 \; ; \; r = 8\sqrt{\frac{m\hat{c}}{3l^2}}$$

AUFGABE 3.10

- o Bestimmung der Bewegungsdifferentialgleichung und ihrer Partikularlösung

- o Bestimmung der Erregerfrequenz

- o Bestimmung der Amplitude der schwingenden Wagenmasse bei seiner Reisegeschwindigkeit o Bestimmung der kritischen Reisegeschwindigkeit

Ein Auto, vereinfacht dargestellt als Feder-Masse-System (Dämpfungseinflüsse werden vernachlässigt), durchfährt mit konstanter Horizontalgeschwindigkeit v_0 sinusförmige Bodenwellen (Amplitude u_0, Wellenlänge L).

gegeben: c, m, v_0, u_0, L

gesucht: Bestimmung der Bewegungsdifferentialgleichung, die diesen Bewegungsablauf beschreibt, und ihrer Partikularlösung, Bestimmung der Erregerfrequenz, der Amplitude x_0 der schwingenden Wagenmasse bei einer Reisegeschwindigkeit v_0 und der kritischen Reisegeschwindigkeit v_{krit}.

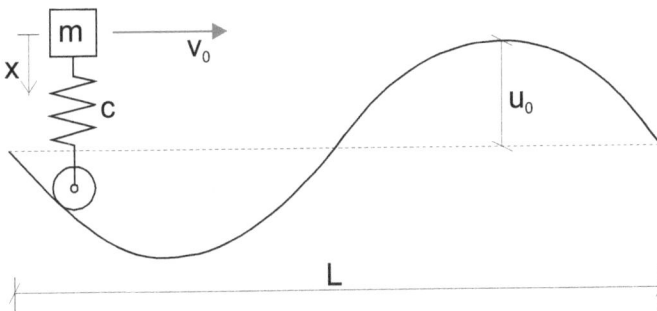

Bild 3.16 Durchfahrt einer sinusförmigen Bodenwellen eines Autos mit konstanter Horizontalgeschwindigkeit

LÖSUNG

$$\ddot{x} + \omega^2 x = \omega^2 u_0 \sin \frac{2\pi v_0}{L} t \;;\quad x = x_0 \sin\Omega t \;;\quad v_{krit} = \frac{L}{2\pi}\omega = \frac{L}{2\pi}\sqrt{\frac{c}{m}}.$$

AUFGABE 3.11

o Bestimmung des Ausschlags des Klotzes nach einmaligem Hin-und Herschwingen

- ○ Anwendung der COULOMBschen Reibung

- ○ Lösung mit den NEWTONschen Bewegungsgleichungen

- ○ Lösung mit dem Energiesatz

Auf einer rauhen, ebenen Unterlage liegt ein Klotz (Masse m), der durch zwei Federn (Federsteifigkeit c) seitlich gehalten wird. Der Klotz wird aus der Ruhelage (Federn ungespannt) um die Strecke x_0 ausgelenkt und ohne Anfangsgeschwindigkeit losgelassen. Der Reibungskoeffizient μ sei so klein, dass der Klotz einige Male hin-und herschwingt.

gegeben: c, m, μ, x_0

gesucht: Bestimmung des Ausschlags x_2 des Klotzes nach einmaligem Hin-und Herschwingen.

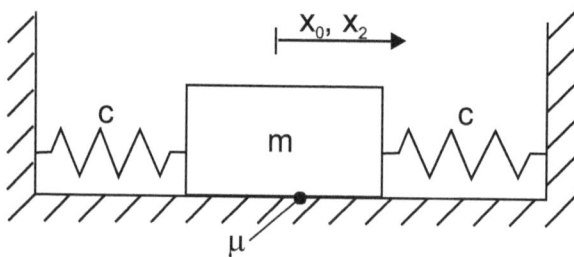

Bild 3.17 Klotz auf einer rauen, ebenen Unterlage

LÖSUNG

$$x_2 = x_0 - 2\frac{\mu m g}{c}.$$

AUFGABE 3.12

- ○ Bestimmung der Eigenkreisfrequenz des Systems für kleine Ausschläge

- o Bestimmung der Amplitude der Antwortfunktion im stationären Zustand

Ein Druckmessgerät für den veränderlichen Unterdruck
$p(t) = p_0 \sin \Omega t$ besteht aus einem Kolben 1 (Masse m_1, Fläche A), einer Stange 2 (Masse m_2), einem dünnen Zeiger 3 (Masse m_3) und einer Feder 4 (Federsteifigkeit c). Das gesamte Gewicht soll im Lager O aufgenommen werden.

gegeben: m_1, m_2, m_3, A, c, l, a, p_0, Ω

gesucht: Bestimmung der Eigenkreisfrequenz ω des Systems für kleine Ausschläge und der Amplitude Q der Antwortfunktion $q(t) = Q \sin \Omega t$ im stationären Zustand.

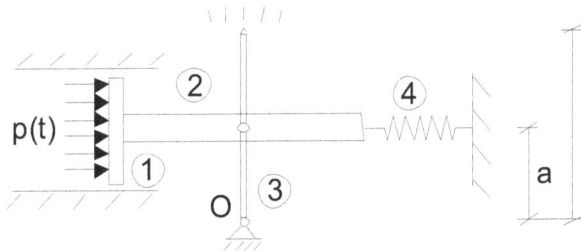

Bild 3.18 Druckmessgerät für veränderlichen Unterdruck

LÖSUNG

$$\omega^2 = \frac{c - \dfrac{(m_1 + m_2 + m_3)g}{a}}{m_1 + m_2 + \dfrac{1}{3}\dfrac{l^2}{a^2}m_3} \; ;$$

$$Q = \frac{l}{a}\frac{A\,p_0}{m_1 + m_2 + \dfrac{1}{3}\dfrac{l^2}{a^2}m_3}\frac{1}{\omega^2 - \Omega^2}$$

AUFGABE 3.13

- o Bestimmung der Eigenkreisfrequenz des Systems für kleine Ausschläge
- o Bestimmung der Differentialgleichung
- o Bestimmung der Differentialgleichung für kleine Ausschläge
- o Bestimmung Antwortfunktion $\varphi(t)$

Ein mathematisches Pendel hat eine Anfangsauslenkung φ_0 und eine Anfangswinkelgeschwindigkeit $\dot{\varphi}_0$.

gegeben: m, l, $\varphi_0, \dot{\varphi}_0$

gesucht: Bestimmung der Eigenkreisfrequenz ω des Systems, die Schwingungsdifferentialgleichung, die Schwingungsdifferentialgleichung für kleine Ausschläge und der Antwortfunktion $\varphi(t)$

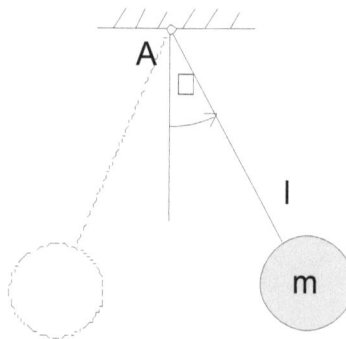

Bild 3.19 System eines mathematischen Pendels

LÖSUNG

$$\omega = \sqrt{\frac{g}{l}} = 2\pi\, f\; ; \;\; \varphi(t) = \varphi_0 \cos\omega t + \frac{\dot{\varphi}_0}{\omega} \sin\omega t$$

AUFGABE 3.14

- o Bestimmung der Ersatzsteifigkeit des Systems

- o Bestimmung der Eigenkreisfrequenz des Systems

- o Bestimmung der Kontaktkraft und des maximalen Pollerwegs

Ein Wagen fährt mit einer Geschwindigkeit v_0 auf einen Poller (I 80, bzw. I 120).

gegeben: M, I 80, I 120, h, v_0

gesucht: Bestimmung der Ersatzsteifigkeit, der Eigenkreisfrequenz ω des Systems, der Kontaktkraft und des maximalen Federwegs a) bei einem Poller, b) bei zwei Pollern.

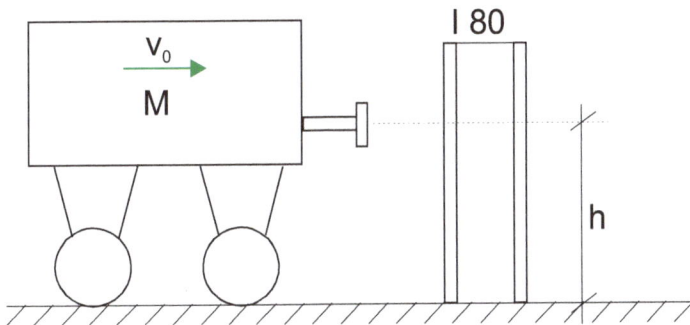

Bild 3.20 Güterwagen fährt auf einen Poller

LÖSUNG

$$c_{ers} = \frac{3\,E\,I}{h^3} \;;\; F_P = v_0 \sqrt{\frac{3\,M\,E\,I}{h^3}} \;;\; F_{2P} = v_0 \sqrt{\frac{3\,M\,E\,I}{2h^3}}.$$

AUFGABE 3.15

- o Bestimmung der Eigenkreisfrequenz des Systems

- ○ Bestimmung der Amplitude der Antwortfunktion

- ○ Bestimmung des dynamischen Schwingbeiwerts

Ein Masse M hat bei x=0 ihre Ruhelage. Eine Masse m fällt aus der Höhe h auf die losgelassene Masse M.

gegeben: m, M, h, c, e=0

gesucht: Bestimmung der Antwort und des dynamischen Schwing-beiwertes des Systems nach dem vollplastischen Stoß.

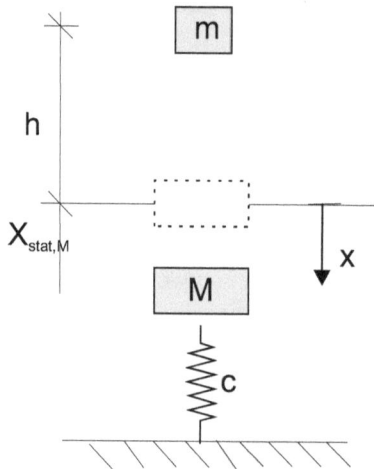

Bild 3.21 Massensystem mit fallender Masse m

LÖSUNG

$$\omega = \sqrt{\frac{c}{M+m}} \; ; \; x_{stat,G} = \frac{g}{\omega^2} \; ;$$

$$x_{ges} = C * \sin(\omega t + \gamma) \quad \text{mit } \gamma = \arctan\frac{x_{Stat,M}\,\omega}{v_0}$$

AUFGABE 3.16

- o Bestimmung der Eigenkreisfrequenz eines Einmassenschwingers

- o Bestimmung der Amplitude der Antwortfunktion unter einer Belastung F(t)

Ein ungedämpfter Einmassenschwinger (Masse m, Federsteifigkeit c) wird aus seiner Ruhelage mit der Last- Zeitfunktion F(t) belastet.

gegeben: m, c, F(t), t_1, t_2

gesucht: Bestimmung der Eigenkreisfrequenz und der Antwort des Systems.

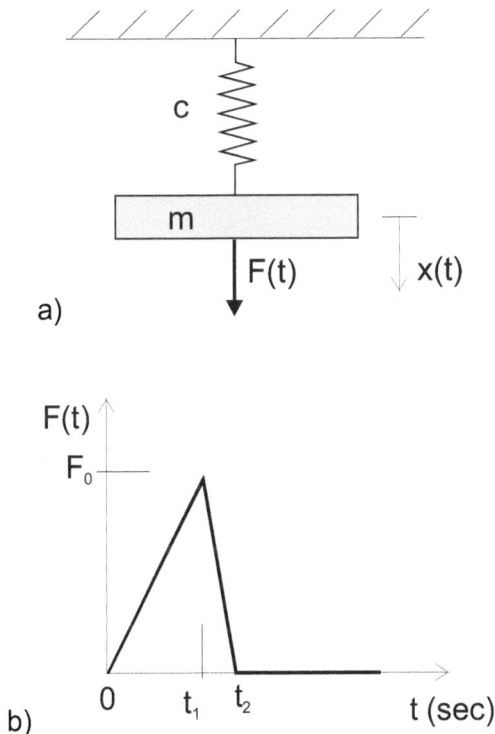

Bild 3.22 a) Ungedämpfter Einmassenschwinger; b) Last-Zeit-Funktion

LÖSUNG

$$\omega = \sqrt{\frac{c}{m}} \; ; \qquad \dot{x}_{1\,ges} = -\omega(x_{01} - \frac{mg}{c})\sin\omega t + (\dot{x}_{01} - \frac{1}{c}\frac{F_0}{t_1})\cos\omega t + \frac{1}{c}\frac{F_0}{t_1} \; ;$$

$$x_{2\,ges} = A_2 \cos\omega t + B_2 \sin\omega t + \frac{mg}{c} + \frac{1}{c}\frac{F_0}{t_2 - t_1}(t_2 - t) \; ;$$

$$A_2 = \frac{r_1 a_{22} - r_2 a_{12}}{a_{11} a_{22} - a_{12} a_{21}} \; ; \quad B_2 = \frac{-r_1 a_{21} + r_2 a_{11}}{a_{11} a_{22} - a_{12} a_{21}} \; ;$$

$$x_{3\,ges} = A_3 \cos\omega t + B_3 \sin\omega t + \frac{mg}{c} \; ; \quad A_3 = \frac{d_1 c_{22} - d_2 c_{12}}{c_{11} c_{22} - c_{12} c_{21}} \; ;$$

$$B_3 = \frac{-d_1 c_{12} + d_2 c_{11}}{c_{11} c_{22} - c_{12} c_{21}}$$

AUFGABE 3.17

- o Bestimmung der Eigenkreisfrequenz eines Einmassenschwingers

- o Bestimmung der Amplitude der Antwortfunktion unter einer Belastung $F(t)$

Ein gedämpfter Einmassenschwinger (Masse m, Federsteifigkeit c) wird mit den Anfangsbedingungen x_0 und $\dot{x}_0$ mit der Last- Zeitfunktion $F(t)$ belastet.

gegeben: m, c, $\overline{F}(t) = F_0 \cos\Omega t$, x_0, $\dot{x}_0$

gesucht: Bestimmung der Eigenkreisfrequenz und der Antwort des Systems.

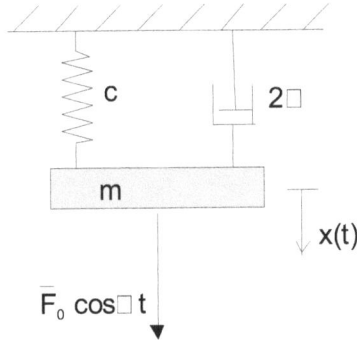

Bild 3.24 Gedämpfter Einmassenschwinger unter einer harmonischen Einzelkraft $\overline{F}_0\cos\Omega t$

LÖSUNG

$$\omega = \sqrt{\frac{c}{M+m}} \; ;$$

$$x_{ges} = e^{-\delta t}(A\cos\omega t + B\sin\omega t) + \frac{2\,\delta\,\Omega\,F_0}{(\omega^2 - \Omega^2)^2 + (2\,\delta\,\Omega)^2}\sin\Omega t$$

$$+ \frac{(\omega^2 - \Omega^2)\,F_0}{(\omega^2 - \Omega^2)^2 + (2\,\delta\,\Omega)^2}\cos\Omega t \qquad ;$$

$$A = x_0 + \frac{(\omega^2 - \Omega^2)\,F_0}{(\omega^2 - \Omega^2)^2 + (2\,\delta\,\Omega)^2} \; ;$$

$$B = \frac{\dot{x}_0}{\omega} + \frac{\delta}{\omega}\left(x_0 + \frac{(\omega^2 - \Omega^2)\,F_0}{(\omega^2 - \Omega^2)^2 + (2\,\delta\,\Omega)^2}\right) + \frac{2\,\delta\,\Omega^2\,F_0}{\omega\left((\omega^2 - \Omega^2)^2 + (2\,\delta\,\Omega)^2\right)}$$

AUFGABE 3.18

o Bestimmung der horizontalen Ersatzsteifigkeit des Systems

Ein Rahmen wird von einem Federsystem abgestützt.

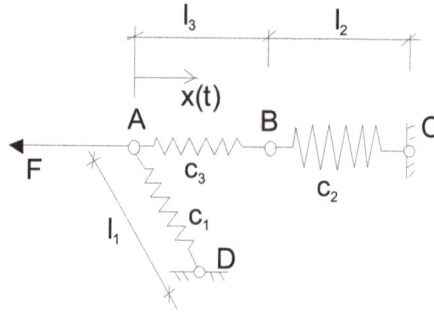

Bild 3.18.1 Federsystem

gegeben: a, c_1, c_2, c_3

gesucht: Bestimmung der horizontalen Ersatzsteifigkeit des Systems in A

LÖSUNG

$$c_{ers} = \frac{1}{\Delta l} = \frac{1}{\dfrac{1 l_3}{EA_3} + \dfrac{1 l_2}{EA_2}}.$$

Hier können Sie eine kostenlose Strategie-Session buchen oder schreiben Sie mir, wenn Ihnen dieses Buch gefällt und Sie Anregungen oder Fragen haben.

Hier kommen Sie zum kostenlosen Bonusmaterial zum Buch.

Besuchen Sie auch meinen Blog „Selbstführung & Produktivität". Ich helfe Ihnen, bessere Ergebnisse zu erzielen.

4 ZWEIMASSENSYSTEM

Lehrziel des Kapitels

- o Zweimassenschwinger
- o Eigenkreisfrequenzen des Zweimassenschwingers
- o Lösung des ungedämpften, erregten Systems
- o Lösung des gedämpften, erregten Systems

Formeln des Kapitels

Erregung durch eine rotierende Unwucht

Differentialgleichungssystem

$$(4.1): \quad M\ddot{x}_M = -2\delta\, M\dot{x}_M - cx_M + S\cos\Omega t$$

$$(4.2): \quad m\ddot{x}_m = -S\cos\Omega t$$

Kinematische Beziehung

$$(4.3): \quad x_m = x_M + r\cos\Omega t,$$

$$(4.4): \quad M\ddot{x}_M + m\ddot{x}_m = -2\delta M\dot{x}_M - cx_M$$

Bewegungsgleichung für die Punktmasse M

$$(4.9): \quad \ddot{x}_M + 2\delta\frac{x_0}{r}\dot{x}_M + \omega^2 x_M = \omega^2\, x_0\eta^2\,\cos\Omega t,$$

4.1 Erregung durch eine rotierende Unwucht

Eine weitere, wichtige Anregungsform ist die Erregung durch eine rotierende, massebehaftete Unwucht (Bild 4.1a).

Beispiel

Ein Schwinger der Masse M wird durch eine mit der Erregerfrequenz Ω rotierende Unwucht m zu Schwingungen angeregt. Durch das Freimachen der Stabkraft S erhält man im Schnittbild (Bild 4.1 b) zwei Systeme, an denen das Gleichgewicht in x_M-Und x_m-Richtung aufgestellt wird.

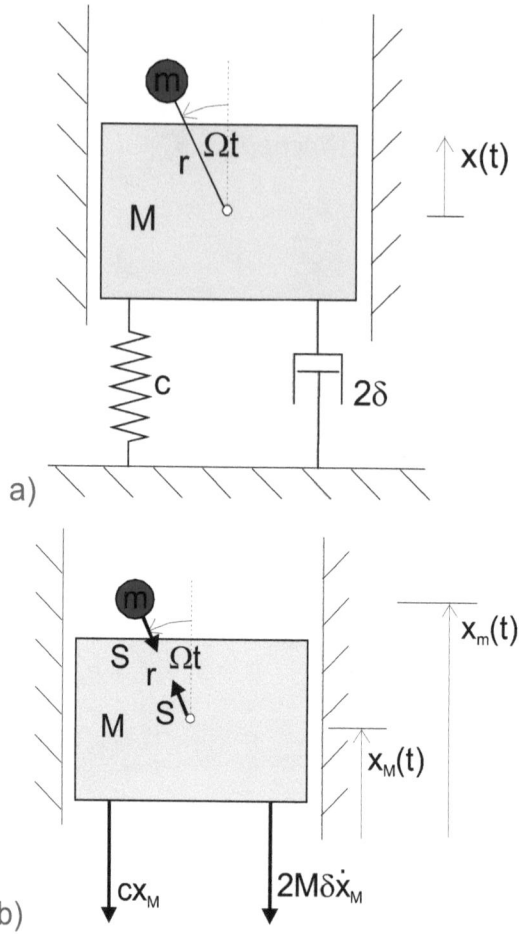

Bild 4.1 a) Schwinger der Masse M mit der rotierenden Unwucht m; b) Schnittbild der Systeme

$$(4.1): \quad M\ddot{x}_M = -2\delta\, M\dot{x}_M - c x_M + S\cos\Omega t$$

$$(4.2): \quad m\ddot{x}_m = -S\cos\Omega t$$

Die Beziehung zwischen diesen beiden Koordinaten ist geometrisch festgelegt

$$(4.3): \quad x_m = x_M + r\cos\Omega t,$$

mit dem Abstand r zwischen den beiden Punktmassen.

Aus Gleichung (4.1) und (4.2) ergibt sich nach der Elimination von S

$$(4.4): \quad M\ddot{x}_M + m\ddot{x}_m = -2\delta M\dot{x}_M - cx_M$$

und durch das Einsetzen von (4.3) und deren zeitlichen Ableitung

$$(4.5): \quad \ddot{x}_m = \ddot{x}_M - \Omega^2 r \cos\Omega t,$$

ergibt sich die Bewegungsgleichung für die Punktmasse M

$$(4.6): \quad (M+m)\ddot{x}_M + 2\delta m\dot{x}_M + cx_M = m\Omega^2 r \cos\Omega t,$$

mit der Gesamtmasse $\overline{m}$

$$(4.7): \quad \overline{m} = M + m$$

und dem Verhältnis

$$(4.8): \quad x_0 = \frac{m}{\overline{m}} r$$

Teilt man (4.6) durch die Gesamtmasse $\overline{m}$ erhält man mit (4.9) die Gleichung

$$(4.9): \quad \ddot{x}_M + 2\delta\frac{x_0}{r}\dot{x}_M + \omega^2 x_M = \omega^2 x_0 \eta^2 \cos\Omega t$$

mit

Aufgaben zu Kapitel 4

AUFGABE 4.1

- o Schwinger mit zwei Freiheitsgraden (FHG)

- o Antwort des Systems

Ein Zweimassensystem ist gegeben und wird durch eine harmonische Belastung angeregt.

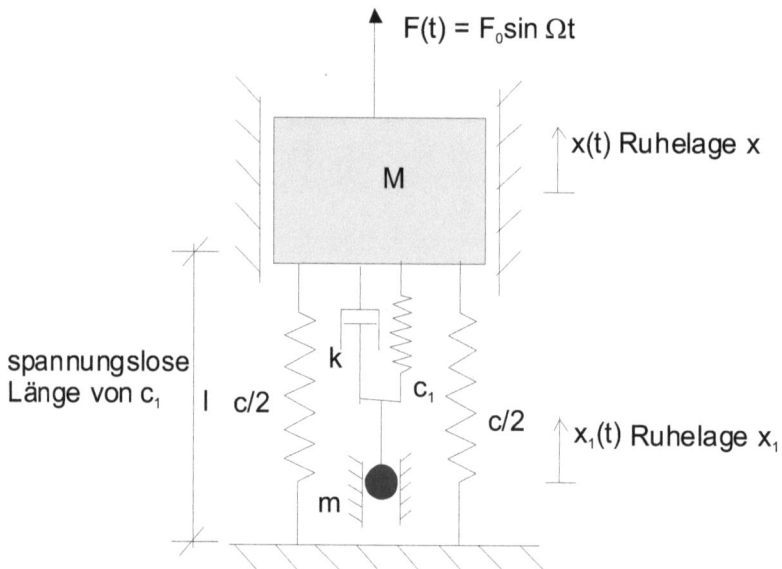

Bild 4.2 Zweimassensystem mit einer harmonischen Belastung

gegeben: c, c_1, M, m, I, F(t)

gesucht: Die Eigenkreisfrequenzen und die Antwort des Systems unter der Belastung F(t)

LÖSUNG

$$\omega_{1,2}^2 = \frac{M c_1 + m(c + c_1)}{2 M m}$$

$$\pm \sqrt{\frac{(Mc_1 + m(c + c_1))^2 - 4(c\,c_1\,M\,m)^2}{4\,M^2\,m^2}}.$$

$$x_{part} = \frac{-\frac{F_0}{M}(-\Omega^2 + \omega_T^2)\sin(\Omega t)}{(-\Omega^2 + \omega_H^2 + \mu\omega_T^2)(-\Omega^2 + \omega_T^2) - (-\mu\omega_T^2)(-\omega_T^2)},$$

$$x_{1part} = \frac{\frac{F_0}{M}\omega_T^2 \sin(\Omega t)}{(-\Omega^2 + \omega_H^2 + \mu\omega_T^2)(-\Omega^2 + \omega_T^2) - (-\mu\omega_T^2)(-\omega_T^2)}.$$

AUFGABE 4.2

- Schwinger mit zwei Freiheitsgraden (FHG)

- Antwort des Systems

Ein Zweimassensystem ist gegeben und wird durch eine harmonische Belastung angeregt.

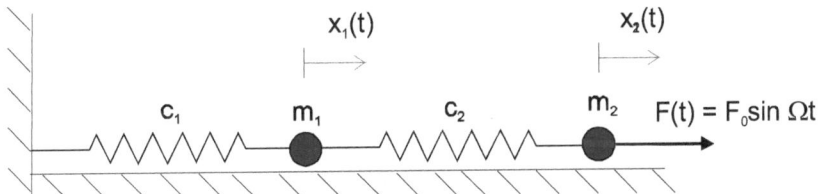

$x_1(t)$ $x_2(t)$

c_1 m_1 c_2 m_2 $F(t) = F_0 \sin \Omega t$

Bild 4.3 Zweimassensystem mit einer harmonischen Belastung

gegeben: c_1, c_2, m_1, m_2, $F(t)$

gesucht: Die Eigenkreisfrequenzen und die Antwort des Systems unter der Belastung F(t)

LÖSUNG

$$\omega_{1,2}{}^2 = \frac{1}{2}\left(\frac{c_1}{m_1} + \frac{c_2}{m_1} + \frac{c_2}{m_2}\right)$$

$$\pm \sqrt{\frac{1}{4}\left(\frac{c_1}{m_1} + \frac{c_2}{m_1} + \frac{c_2}{m_2}\right)^2 - \frac{c_1}{m_1}\frac{c_2}{m_2}}.$$

$$x_{1part} = \frac{\frac{F_0}{m_2}\mu\omega_T{}^2 \sin(\Omega t)}{(-\Omega^2 + \omega_H{}^2 + \mu\omega_T{}^2)(-\Omega^2 + \omega_T{}^2) - (-\mu\omega_T{}^2)(-\omega_T{}^2)},$$

$$x_{2part} = \frac{\frac{F_0}{m_2}(-\Omega^2 + \omega_H{}^2 + \mu\omega_T{}^2)\sin(\Omega t)}{(-\Omega^2 + \omega_H{}^2 + \mu\omega_T{}^2)(-\Omega^2 + \omega_T{}^2) - (-\mu\omega_T{}^2)(-\omega_T{}^2)}.$$

Hier können Sie eine kostenlose Strategie-Session buchen oder schreiben Sie mir, wenn Ihnen dieses Buch gefällt und Sie Anregungen oder Fragen haben.

Hier kommen Sie zum kostenlosen Bonusmaterial zum Buch.

5 MEHRMASSENSYSTEM ODER KONTINUUM

Lehrziel des Kapitels

- o Federkoeffizienten einiger elastischer Systeme
- o Vergrößerungsfunktion
- o Überhöhungsfunktionen
- o Balkenschwingung
- o Modale Superposition

Formeln des Kapitels

Federkoeffizienten einiger elastischer Systeme

Stab

$$(5.1): \quad c_D = \frac{E\,A}{l} \text{ und } \omega = \sqrt{\frac{c_D}{m}}.$$

Balken

$$(5.2): \quad c_B = \frac{3E\,I}{l^3} \text{ und } \omega = \sqrt{\frac{c_B}{m}}.$$

Torsionsstab

$$(5.3): \quad c_T = \frac{G\,I_T}{l} \text{ und } \omega = \sqrt{\frac{c_T}{m}}.$$

Überhöhungsfunktionen

Partikuläre Lösung

$$(5.17): \quad x = Q \cos(\Omega t - \gamma).$$

Amplitude Q

$$(5.18):$$
$$Q = \sqrt{\left(\frac{-2\,\delta\,\Omega\,F_0}{(\omega^2 - \Omega^2)^2 + (2\,\delta\,\Omega)^2}\right)^2 + \left(\frac{(\omega^2 - \Omega^2)\,F_0}{(\omega^2 - \Omega^2)^2 + (2\,\delta\,\Omega)^2}\right)^2}$$

$$= \frac{F_0}{\sqrt{(\omega^2 - \Omega^2)^2 + (2\,\delta\,\Omega)^2}}.$$

Winkel γ

$$(5.19): \quad \tan\gamma = \frac{\dfrac{(\omega^2 - \Omega^2)\,F_0}{(\omega^2 - \Omega^2)^2 + (2\,\delta\,\Omega)^2}}{\dfrac{-2\,\delta\,\Omega\,F_0}{(\omega^2 - \Omega^2)^2 + (2\,\delta\,\Omega)^2}} = \frac{(\omega^2 - \Omega^2)}{-2\delta\Omega}$$

$$= \frac{(1 - \eta^2)}{-2\,\dfrac{\delta}{\omega}\,\eta} = \frac{(1 - \eta^2)}{-2D\eta}.$$

Phasenverschiebung ε

$$(5.20): \quad \tan\varepsilon = \frac{1}{\tan\gamma} = \frac{-2\,D\,\eta}{(1 - \eta^2)}.$$

Vergrößerungsfunktion V_1

$$(5.21): \quad V_1(\eta) = \frac{\omega^2}{F_0} \frac{F_0}{\sqrt{(\omega^2 - \Omega^2)^2 + (2\,\delta\,\Omega)^2}}$$

$$= \frac{1}{\sqrt{(1-\eta^2)^2 + (2\frac{\delta}{\omega}\eta)^2}} = \frac{1}{\sqrt{(1-\eta^2)^2 + (2D\eta)^2}}.$$

5.1 Definition der Punktmasse und des Kontinuums

Bei dem Einmassenschwinger in Kapitel 3 wird eine Punktmasse durch eine Feder mit seiner Aufhängung verbunden. Die so definierten Systemteile sind natürlich nur durch einige vereinfachende Annahmen möglich.

In der Wirklichkeit gibt es keine Punktmassen. Jede wirkliche Masse hat eine Ausdehnung und kann nicht auf einen Punkt reduziert werden.

Die Punktmasse ist eine Näherung. Für viele Bewegungsabläufe reicht sie völlig aus, zum Beispiel bei der Untersuchung der Bahn einer Mondrakete. Das gilt immer, wenn der Weg im Verhältnis zur bewegten Masse wesentlich größer als deren Abmessungen ist.

Soll aber zum Beispiel das Landemanöver der Rakete in Bezug auf die Erde simuliert werden, ist eine solche Näherung nicht mehr zulässig. Dann muss die Rakete als ausgedehntes System, als Kontinuum betrachtet werden. Dann treten neben den translatorischen auch noch rotatorische Trägheitskräfte der Masse auf.

5.2 Federkoeffizienten einiger elastischer Systeme

Auch die oben angenommene Feder stellt in den meisten Systemen ein Ersatzsystem dar. Durch eine Feder mit einem linearen Federgesetz kann zum Beispiel eine stabartige Struktur dargestellt werden (Bild 5.9).

Für diese stabartige Struktur kann eine Ersatzfedersteifigkeit c_D definiert werden, die einem masselosen Stab der Länge l und der Dehnsteifigkeit E A entspricht

$$(5.1): \quad c_D = \frac{E A}{l}.$$

Eine weitere, häufig benötigte Struktur ist die Biegefeder mit der Federsteifigkeit c_B, die balkenartige Strukturen ersetzen kann (Bild 5.9).

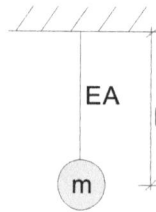

Bild 5.1 Masseloser Stab der Länge l und der Dehnsteifigkeit E A

Für diese balkenartige Struktur kann eine Ersatzfedersteifigkeit c_B definiert werden, die einem masselosen Biegebalken der Länge l und der Biegesteifigkeit E I entspricht

$$(5.2): \quad c_B = \frac{3E I}{l^3}.$$

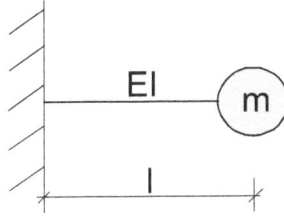

Bild 5.2 Masseloser Balken der Länge l und der Biegesteifigkeit E l

Schließlich gibt es die stabartige Struktur, die auf Torsion belastet wird. Daraus wird eine Torsionsfeder mit der Federsteifigkeit c_T, die diese Strukturen ersetzt (Bild 5.10).

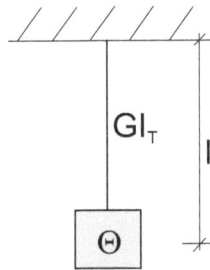

Bild 5.3 Masseloser Torsionsstab der Länge l und der Torsionssteifig-keit G I_T mit dem Massenträgheitsmoment Θ

Die Ersatzfedersteifigkeit c_T eines masselosen Torsionsstabes der Länge l und der Torsionssteifigkeit G I_T ist

$$(5.3): \quad c_T = \frac{G I_T}{l}.$$

Auch komplexere Strukturen lassen sich durch Ersatzsysteme mit Ersatzfedersteifigkeiten abbilden. Um die jeweiligen Steifigkeiten zu berechnen, wird eine Last 1 N auf das System in der gewünschten Richtung aufgebracht. Die Verschiebung unter dieser Last entspricht dann dem reziproken Wert der Federsteifigkeit. Wenn man ein Systemteil durch eine äquivalente Feder ersetzt, muss immer geprüft werden, ob die dynamische Wirkung des Systems erhalten bleibt.

Beispiel

Die Federsteifigkeit eines einfachen, masselosen Stabes wird berechnet. Dazu wird das System mit der Kraft 1 belastet (Bild 5.11).

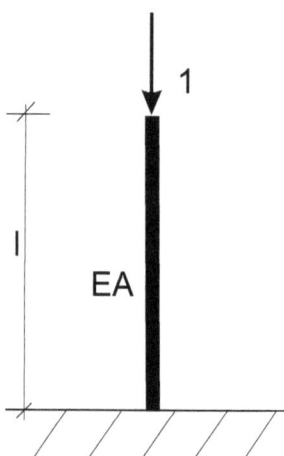

Bild 5.4 Masseloser Stab der Länge l und der Dehnsteifigkeit E A, mit der Kraft 1 belastet

Aus der Technischen Mechanik[2] ist das Ergebnis bekannt

---

[2] Kunow, Technische Mechanik I-III, Grundlagen und vollstänsdig gerechnete Übungsaufgaben, BoD
(https://www.amazon.de/s/ref=nb_sb_noss_2?__mk_de_DE=%C3%8

$$(5.4): \quad \Delta l = \frac{l}{E\,A} = \frac{1}{c_D}.$$

Das entspricht genau dem reziproken Wert der Federsteifigkeit für den masselosen Dehnstab.

Dieselbe Methode lässt sich auch auf komplexe Systeme mit Hilfe des Arbeitssatzes in der Elastostatik anwenden.

Um die horizontale Steifigkeit des Fachwerksystems (Bild 5.12) zu bestimmen, wird eine horizontale Last 1 aufgebracht.

Beispiel

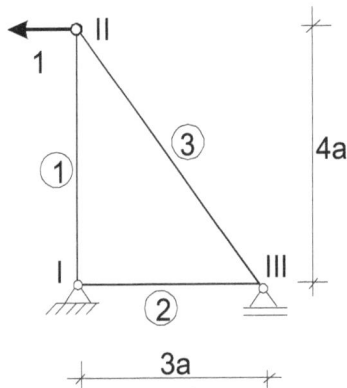

Bild 5.5 Statisch bestimmtes Fachwerksystem mit der äußeren Belastung F=1

Die Stabkräfte des Systems ergeben sich zu

(5.5): $S_1 = -1.33$,

(5.6): $S_2 = -1$,

(5.7): $S_3 = 1.66$.

Die Verformungen an den einzelnen Systemen infolge ihrer Belastung lassen sich über

$$(5.8): \quad \delta_{ij} = \sum_{k,l} \frac{S_k^i \, \bar{S}_l^j}{EA} l_k$$

berechnen. Eine Kraft $\bar{1}$ wird am Ort und in Richtung der gewünschten Verformung angebracht. Das entspricht für diese Untersuchung der Last $F = 1 = \bar{1}$ (Bild 5.13).

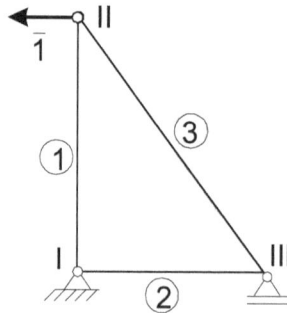

**Bild 5.6 Anbringen der $\bar{1}$ -Kraft zur Berechnung der Horizontalver-
schiebung am Knoten II**

Mit diesen so berechneten Stabkräften

(5.9): $\bar{S}_1 = -1.33 \, \bar{1}$,

$$(5.10): \quad \overline{S}_2 = -\,\overline{1},$$

$$(5.11): \quad \overline{S}_3 = 1.66\,\overline{1}$$

wird die Horizontalverschiebung am Knoten II mit Hilfe des Arbeitssatzes berechnet

$$(5.12): \quad \overline{1}\,f_H = \sum_{k,l} \frac{S_k \overline{S}_l}{EA} l_k = 23.85\,\frac{a}{EA}$$

Mit dem reziproken Wert

$$(5.13): \quad c_H = \frac{1}{f_H} = \frac{EA}{23.85\,a}$$

erhält man die Ersatzfedersteifigkeit c_H in horizontaler Richtung für
das Fachwerksystem.

5.3 Überhöhungsfunktionen

Bei einem System mit dem kritischen Dämpfungsfaktor D > 0 (5.33)
ergibt sich die Differentialgleichung zu

$$(5.14): \quad \ddot{x} + 2\delta\dot{x} + \omega^2 x = F_0 \cos\Omega t.$$

Im Folgenden wird gezeigt, dass der homogene Anteil der Lösung mit
der Zeit abklingt. Die Gesamtlösung des Schwingungsvorgangs wird
durch (5.40) beschrieben. Die Lösung der homogenen Differentialgleichung (5.34) klingt durch die Exponentialfunktion sehr schnell ab.

Der Zeitraum, in dem diese Lösung abklingt, nennt man Einschwing-vorgang.

Nach Beendigung dieses Einschwingvorgangs befindet sich der Schwinger in einem eingeschwungenen Zustand. Der Einmassen-schwinger schwingt harmonisch mit der Erregerfrequenz Ω. Die Schwingung ist dann stationär. Deshalb wird in den meisten techni-schen Anwendungen mit harmonischen Erregern nur der Partikulärteil der Gesamtlösung betrachtet.

Der Schwinger schwingt harmonisch mit der Erregerfrequenz Ω. Die größte Auslenkung, die Amplitude Q, und das Maß zwischen Erre-gung und Antwort, die Phase oder Phasenverschiebung ε, sind vom Verhältnis η (5.53) der Erregerfrequenz Ω zur Eigenkreisfrequenz ω und vom kritischen Dämpfungsmaß D (5.33) abhängig.

Um ein dimensionsloses Maß für die Ausschläge eines solchen Ein-massenschwingers zu erhalten, bezieht man dies auf einen Ver-gleichswert, zum Beispiel die maximale statische Verschiebung der Masse

$$(5.15): \quad x_{stat,F} = \frac{F_0 m}{c} = \frac{F_0}{\omega^2}.$$

Damit wird eine Vergrößerungsfunktion V_1

$$(5.16): \quad V_1 = \frac{Q}{x_{stat}}$$

definiert. Sie beschreibt die Vergrößerung des Maximalwertes der Amplitude eines dynamischen gegenüber dem eines statischen Sys-tems. Der Faktor gibt die Vergrößerung der Antwort des Systems an.

Dazu wird die partikuläre Lösung (5.39) umgeformt

$$(5.17): \quad x = Q \cos (\Omega t - \gamma).$$

Die neue Amplitude Q erhält man aus der vektoriellen Summe der Einzelamplituden

$$(5.18): \quad Q = \sqrt{\left(\frac{-2\,\delta\,\Omega\,F_0}{(\omega^2 - \Omega^2)^2 + (2\,\delta\,\Omega)^2}\right)^2 + \left(\frac{(\omega^2 - \Omega^2)\,F_0}{(\omega^2 - \Omega^2)^2 + (2\,\delta\,\Omega)^2}\right)^2}$$
$$= \frac{F_0}{\sqrt{(\omega^2 - \Omega^2)^2 + (2\,\delta\,\Omega)^2}}.$$

Der Winkel γ zwischen den Komponenten wird zu

$$(5.19): \quad \tan\gamma = \frac{\dfrac{(\omega^2 - \Omega^2)\,F_0}{(\omega^2 - \Omega^2)^2 + (2\,\delta\,\Omega)^2}}{\dfrac{-2\,\delta\,\Omega\,F_0}{(\omega^2 - \Omega^2)^2 + (2\,\delta\,\Omega)^2}} = \frac{(\omega^2 - \Omega^2)}{-2\delta\Omega} = \frac{(1-\eta^2)}{-2\,\dfrac{\delta}{\omega}\,\eta}$$
$$= \frac{(1-\eta^2)}{-2D\eta}.$$

Damit erhält man das Maß für die Phasenverschiebung ε in Abhängigkeit des Dämpfungsfaktors D und des Verhältnisses η

$$(5.20): \quad \tan\varepsilon = \frac{1}{\tan\gamma} = \frac{-2D\,\eta}{(1-\eta^2)}.$$

Mit (5.2) folgt für die Vergrößerungsfunktion V_1

$$(5.21): \quad V_1(\eta) = \frac{\omega^2}{F_0} \frac{F_0}{\sqrt{(\omega^2 - \Omega^2)^2 + (2\,\delta\,\Omega)^2}}$$

$$= \frac{1}{\sqrt{(1-\eta^2)^2 + (2\frac{\delta}{\omega}\eta)^2}} = \frac{1}{\sqrt{(1-\eta^2)^2 + (2D\eta)^2}}.$$

In Bild 5.7 wird die Funktion $V_1(\eta)$ über dem Verhältnis η in Abhängigkeit des Dämpfungsfaktors D aufgetragen.

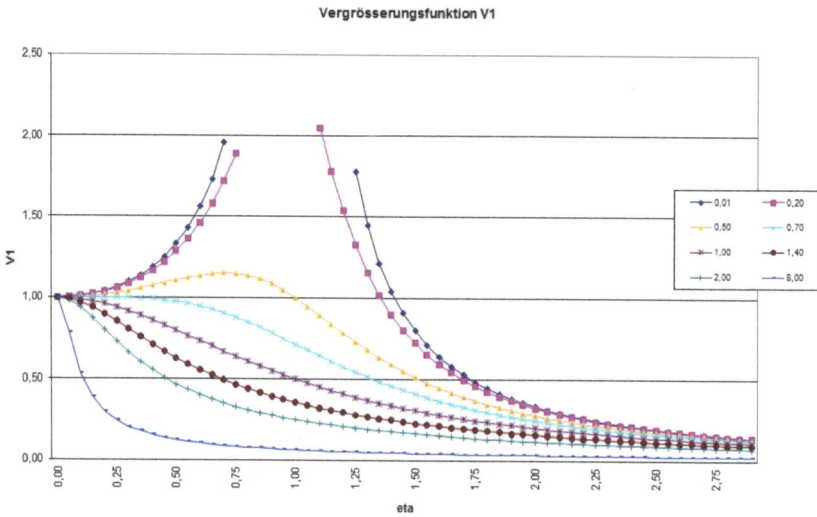

Vergrösserungsfunktion V1

Bild 5.7 Die Vergrößerungsfunktion $V_1(\eta)$ (V1(eta)) in Abhängigkeit des Dämpfungsfaktors D

In Bild 5.8 wird die Phasenverschiebung $\varepsilon(\eta)$ über dem Verhältnis η in Abhängigkeit des Dämpfungsfaktors D dargestellt.

Die Vergrößerungsfunktion $V_1(\eta)$ und die Phasenverschiebung $\varepsilon(\eta)$ lassen sich in drei Bereiche unterteilen.

Unterkritischer Bereich

Im unterkritischen Bereich liegt die Erregerfrequenz unter der kritischen, der Resonanzfrequenz.

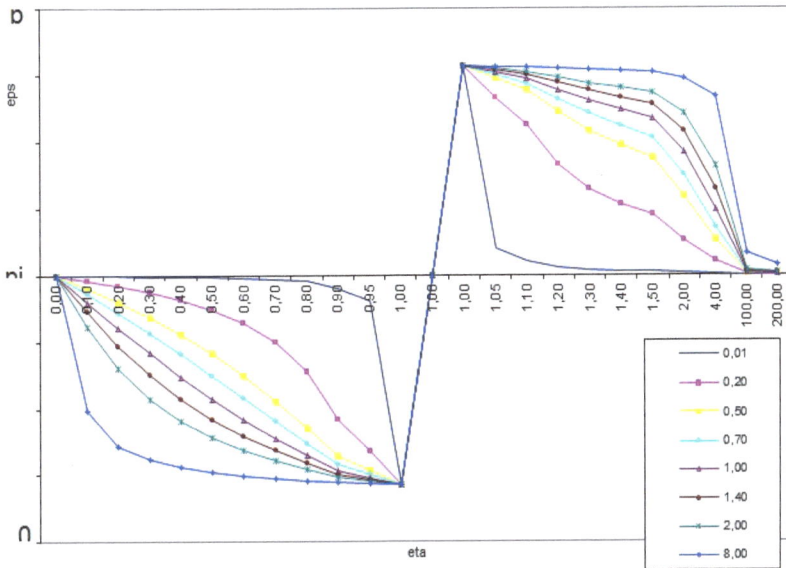

Bild 5.8 Die Phasenverschiebung $\varepsilon(\eta)$ (eps(eta)) in Abhängigkeit des Dämpfungsfaktors D

Wenn die Erregerfrequenz Ω wesentlich kleiner als die Eigenkreisfrequenz ω ist

$$(5.22): \quad \Omega \ll \omega, \text{bzw.} \, \eta \ll 1,$$

nennt man die Erregung unterkritisch. Dann ist die Vergrößerungsfunktion $V_1(\eta)$ nahezu eins

$$(5.23): \quad V_1(\eta) \approx 1.$$

Das bedeutet, dass die Amplitude Q gleich der statischen Auslenkung x_{stat} ist

$$(5.24): \quad Q \approx x_{stat},$$

die Phasenverschiebung ist nahezu Null

$$(5.25): \quad \varepsilon(\eta) \approx 0.$$

Das heißt, die Verschiebung x(t) schwingt in Phase mit der Belastung F(t).

Resonanzbereich

Im Resonanzbereich ist die Erregerfrequenz gleich der Eigenkreisfrequenz

$$(5.26): \quad \Omega \approx \omega, \text{bzw.} \, \eta \approx 1.$$

Dann erreicht die Vergrößerungsfunktion $V_1(\eta)$ ein Maximum

$$(5.27): \quad V_1(\eta)_{max} = \frac{1}{2D\sqrt{1-D^2}} \approx \frac{1}{2D}$$
$$\text{für } D \ll 1 \, \text{bei } \eta = \sqrt{1-2D^2}.$$

für kleine Dämpfungsfaktoren D << 1 ist der Ort des Maximums näherungsweise bei

$$(5.28): \quad \Omega = \omega, \text{bzw.} \, \eta = 1,$$

Für große Dämpfungswerte

$$(5.29): \quad D \approx \frac{\sqrt{2}}{2}$$

rückt der Ort des Maximums gegen $\eta = 0$. Das Maximum tritt dann also nicht bei der Eigenkreisfrequenz

$$(5.30): \quad \omega_d = \omega\sqrt{1\text{-}D^2}$$

des Schwingers auf.

Für die Dämpfung Null wird die Vergrößerungsfunktion im Resonanzfall, $\Omega = \omega$ unendlich.

Die Phasenverschiebung ε springt in diesem Fall von 0 auf π.

Überkritischer Bereich

Im überkritischen Bereich liegt die Erregerfrequenz über der kritischen, der Resonanzfrequenz.

Wenn die Erregerfrequenz Ω wesentlich größer als die Eigenkreisfrequenz ω ist

$$(5.31): \quad \Omega \gg \omega, \text{bzw.} \eta \gg 1,$$

nennt man die Erregung überkritisch. Dann ist die Vergrößerungsfunktion $V_1(\eta) \approx 0$. Das bedeutet, dass die Amplitude Q gegen Null geht.

$$(5.32): \quad Q \to 0,$$

die Phasenverschiebung erreicht den Wert π

(5.33): $\quad \varepsilon(\eta) \approx \pi.$

Das heißt, die Verschiebung x(t) schwingt in Gegenphase mit der Belastung F(t).

In der Schwingungslehre sind weitere Vergrößerungsfunktionen definiert, die auf andere Bezugswerte normiert werden. Hier wird nur das Prinzip dieser Vergrößerungsfunktionen dargestellt.

Zur Vollständigkeit dieses Kapitels wird die Analogie zwischen mechanischem Schwinger und elektrischem Schwingkreis in Tabelle 5.1 erläutert. Diese Analogie wird häufig bei Versuchen eingesetzt. Damit lassen sich Messergebnisse sofort als mechanische Ergebnisse angeben.

Tabelle 5.1 Analogie zwischen mechanischem Schwinger und elektrischem Schwingkreis

Mechanischer Schwinger	Elektrischer Schwingkreis
Verschiebung x	Ladung Q
Geschwindigkeit $v = \dot{x}$	Stromstärke $i = \dot{Q}$

Masse m	Induktivität L einer Spirale
Dämpfungskonstante $2\delta m$	Widerstand R
Federkonstante c	$\dfrac{1}{\text{Kapazität}} = \dfrac{1}{C}$ eines Kondensa- tors
Kraft F	Spannung U

5.4 Balkenschwingungen

Eigenformen

Die Differentialgleichung für den einfachen BERNOULLI-EULER-Balken (Bild 5.16) lautet in der Dynamik

$$(5.34): \quad EI_y \frac{\partial^4 w}{\partial x^4} + \nu \frac{\partial w}{\partial t} + \rho A \frac{\partial^2 w}{\partial t^2} = f(x,t),$$

mit der geschwindigkeitsproportionalen Dämpfung ν, der Dichte ρ und der Querschnittsfläche A. Die Verschiebung w(x, t)=w hängt von der Stelle x und der Zeit t ab. Die Biegesteifigkeit $E\,I_y$ ist konstant über die Länge l.

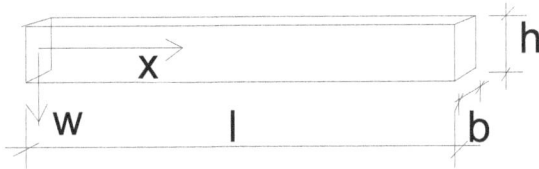

Bild 5.8 Koordinaten und Abmessungen eines Balkens

5.4.1 Modale Superposition für den elastischen Balken

Diese Differentialgleichung wird mit einem Produktansatz nach der Methode der Trennung der Variablen

$$(5.35): \quad w(x, t) = w^*(x)\, g(t),$$

gelöst. Dabei erfüllt die Eigenfunktion $w^*(x)$ die Randbedingungen des Balkens, die dann als Reihenlösung geschrieben werden kann.

Beispiel: Eigenformen des statisch bestimmten Balkens

An einem einfachen, statisch bestimmten Balken wird diese Methode für dynamische Belastungen gezeigt. In Bild 5.17 ist der bekannte Fall dargestellt. Zunächst ist das System unbelastet, um die Eigenkreisfrequenzen des Systems zu bestimmen.

Bild 5.10 Statisch bestimmter Balken

Die Randbedingungen lauten wie in der Statik

$$(5.36): \quad w(0, t) = 0,$$

$$(5.37): \quad w(l, t) = 0,$$

$$(5.38): \quad M(0, t) = -E\, I_y\, \frac{\partial^2 w(0, t)}{\partial x^2} = 0,$$

$$(5.39): \quad M(l,t) = -E\,I_y\,\frac{\partial^2 w(l,t)}{\partial x^2} = 0.$$

Als Lösungsansatz wird eine Kombination von Sinus-, Cosinus-, Sinushyperbolikus- und Cosinushyperbolikus-Funktionen gewählt

$$(5.40): \quad w^*(x) = A^* \sin ax + B^* \cos ax + C^* \sinh ax + D^* \cosh ax.$$

Der Lösungsansatz und dessen 2. Ableitung nach dem Ort x

$$(5.41): \quad w^{*II}(x) = -a^2(A^* \sin ax + B^* \cos ax$$
$$- C^* \sinh ax - D^* \cosh ax)$$

in (5.98), (5.99), (5.100) und (5.101) eingesetzt, ergibt ein Gleichungssystem für die noch unbekannten Konstanten A^*, B^*, C^*, D^*

$$(5.42): \quad \begin{bmatrix} 0 & 1 & 0 & 1 \\ \sin al & \cos al & \sinh al & \cosh al \\ 0 & 1 & 0 & -1 \\ \sin al & \cos al & -\sinh al & -\cosh al \end{bmatrix} \begin{bmatrix} A^* \\ B^* \\ C^* \\ D^* \end{bmatrix} = 0.$$

Die Lösung dieses Eigenwertproblems ist

$$(5.43): \quad 4 \sin al \sinh al = 0,$$

mit der geometrischen Konstanten

$$(5.44): \quad a = \frac{n\pi}{l}.$$

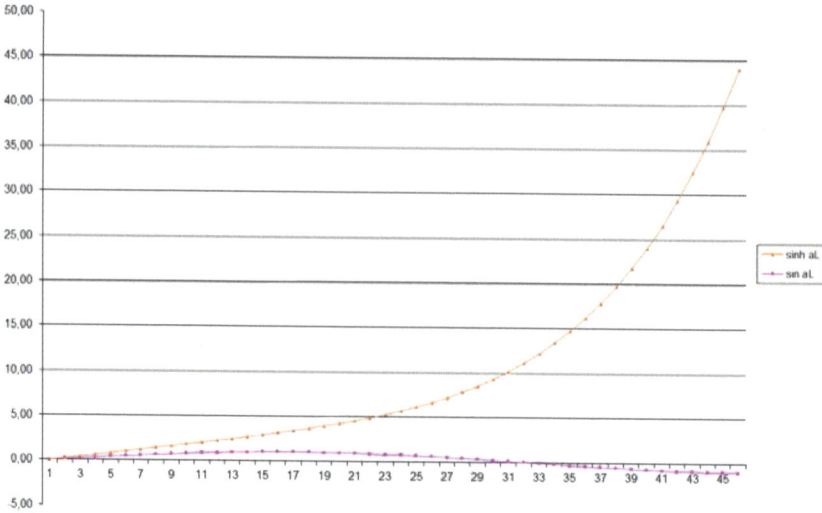

Bild 5.11 sinal sinhal =0

Dies führt auf die Eigenfunktion

$$(5.45): \quad w^*(x) = \sum_{n=1}^{\infty} \sin n\pi \frac{x}{l}.$$

Damit erhält man als Lösung (5.97) für die Verschiebung als Reihen-ansatz

$$(5.46): \quad w(x,t) = \sum_{n=1}^{\infty} \left(\sin n\pi \frac{x}{l} \cdot g_n(t) \right)$$

$$= \sin \pi \frac{x}{l} \cdot g_1(t) + \sin 2\pi \frac{x}{l} \cdot g_2(t)$$

$$+ \sin 3\pi \frac{x}{l} \cdot g_3(t) + ... + \sin n\pi \frac{x}{l} \cdot g_n(t).$$

Es gibt somit n Eigenfunktionen oder Eigenformen für den Balken auf zwei Stützen, die alle sinusförmige Verläufe haben. Für die ersten vier

Werte werden diese Eigenformen $w^*(x)$ mit einer noch freien Variablen für die Amplituden in Bild 5.12 dargestellt.

Eigenformen

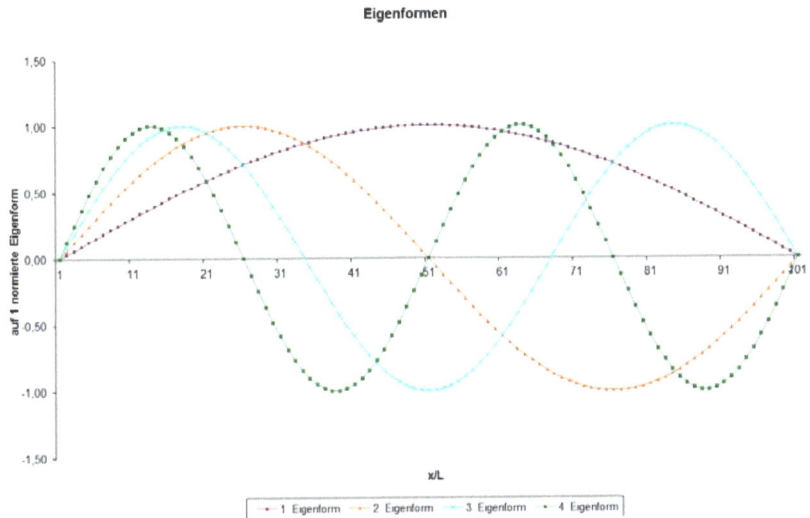

Bild 5.12 Eigenformen des elastischen Balkens auf 2 Stützen

Diese freie Variable wird im Zusammenhang mit der Gesamtlösung bestimmt. Für die Eigenformen wird sie im Allgemeinen zu 1 gesetzt.

Beispiel: Eigenformen eines Kragarms

An einem Kragarm wird diese Methode für dynamische Belastungen gezeigt. In Bild 4. 17b ist der bekannte Fall dargestellt. Zunächst ist das System unbelastet, um die Eigenkreisfrequenzen des Systems zu bestimmen.

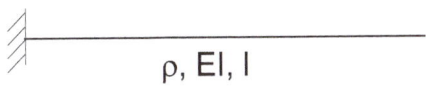

ρ, EI, I

Bild 5.13 Kragarm

Die Randbedingungen lauten wie in der Statik

$$(5.47): \quad w'(0,t) = 0,$$

$$(5.48): \quad w(0,t) = 0,$$

$$(5.49): \quad Q(l,t) = -E I_y \frac{\partial^3 w(l,t)}{\partial x^3} = 0, \quad (5.50): \quad M(l,t) = -E I_y \frac{\partial^2 w(0,t)}{\partial x^2} = 0.$$

Als Lösungsansatz wird eine Kombination von Sinus-, Cosinus-, Sinushyperbolikus- und Cosinushyperbolikus-Funktionen gewählt

$$(5.51): \quad w^*(x) = A^* \sin ax + B^* \cos ax + C^* \sinh ax + D^* \cosh ax.$$

Der Lösungsansatz und deren Ableitungen nach dem Ort x

$$(5.52): \quad w'^*(x) = a(A^* \cos ax - B^* \sin ax + C^* \cosh ax + D^* \sinh ax).$$

$$(5.53): \quad w'''^*(x) = -a^2(A^* \sin ax + B^* \cos ax - C^* \sinh ax - D^* \cosh ax)$$

$$(5.54): \quad w'''^*(x) = -a^3(A^* \cos ax - B^* \sin ax - C^* \cosh ax - D^* \sinh ax)$$

eingesetzt, ergibt ein Gleichungssystem für die noch unbekannten Konstanten A^*, B^*, C^*, D^*

$$(5.55): \begin{bmatrix} 0 & 1 & 0 & 1 \\ 1 & 0 & 1 & 0 \\ \cos al & -\sin al & -\cosh al & -\sinh al \\ \sin al & \cos al & -\sinh al & -\cosh al \end{bmatrix} \begin{bmatrix} A^* \\ B^* \\ C^* \\ D^* \end{bmatrix} = 0.$$

Die Lösung dieses Eigenwertproblems ist

$$(5.56): \quad 2\cos al\ \cosh al + 2 = 0 = 0,$$

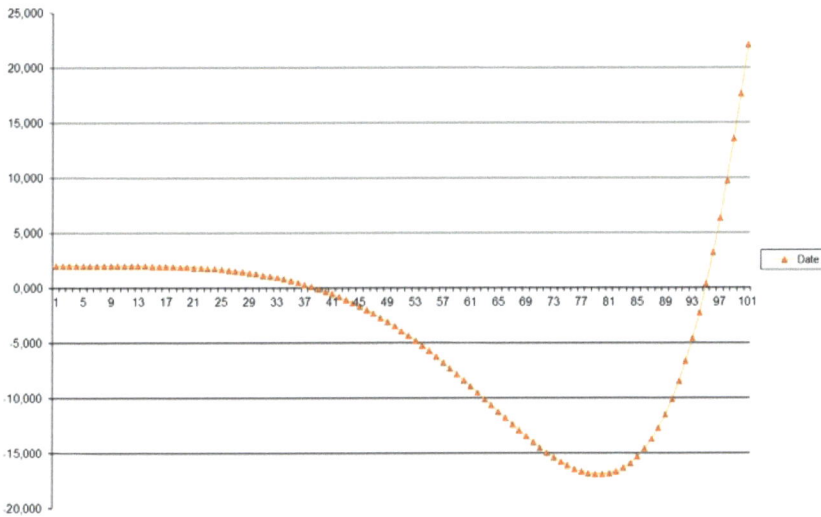

Bild 5.14 $2\cos al\ \cosh al + 2 = 0 = 0$

Funktionswert ist Null für

$$(5.57): \quad a_n l = 1{,}875;\ 4{,}694; 7{,}885; 10{,}996; .... + \pi$$
$$\text{mit } a_n = \omega_n.$$

Berechnung der Eigenformen

	A_n	B_n	C_n	D_n	r.S.
(5.58):	0	1	0	1	0
	1	0	1	0	0
	$\cos a_n l$	$-\sin a_n l$	$\cosh a_n l$	$-\sinh a_n l$	0
	$\sin a_n l$	$\cos a_n l$	$-\sinh a_n l$	$-\cos a_n l$	0

Für die Eigenform wird auf die Amplitude $B_n=1$ normiert. Daraus ergeben sich die weiteren Konstanten zu

$$(5.59): \quad A_n = B_n \frac{\sin a_n l - \sinh a_n l}{\cos a_n l + \cosh a_n l}, C_n = -A_n, D_n = -1.$$

Für n=1 ergibt sich

$$(5.60): \quad A_1 = -0.733, B_1 = 1, C_1 = 0.733, D_1 = -1.$$

Damit folgt die Funktion $w_1^*(x)$

$$(5.61): \quad w_1^*(x) = -0{,}733 \sin a_1 x + \cos a_1 x$$
$$+ 0{,}733 \sinh a_1 x - \cosh a_1 x.$$

Für die ersten vier Werte werden diese Eigenformen $w^*(x)$ mit einer noch freien Variablen für die Amplituden in Bild 5.15 dargestellt.

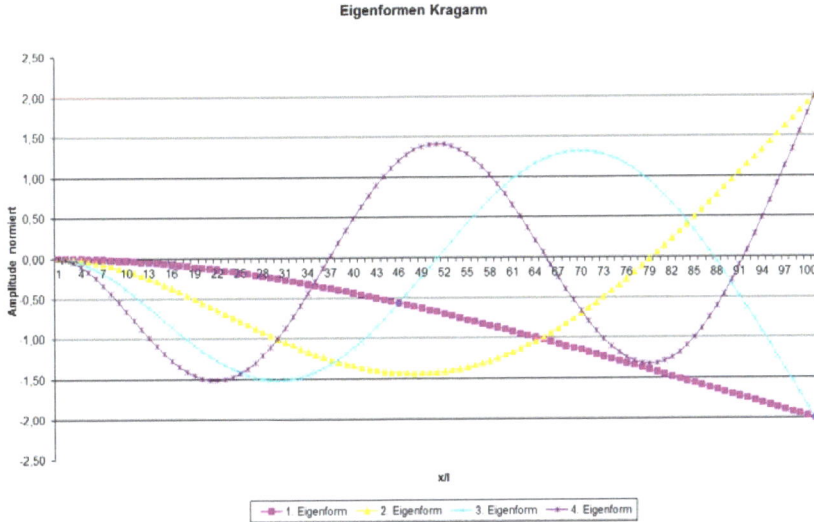

Bild 5.15 Eigenformen des Kragarms

Beispiel: Antwort für den statisch bestimmt gelagerten Balkens mit einer Anfangsverformung x_0

Die Reihenlösung des Balkens auf 2 Stützen wird nun in die Differentialgleichung (5. 34) eingesetzt

$$(5.62): \quad \sum_{n=1}^{\infty} \sin n\pi \frac{x}{L} \left(\rho A \; \ddot{g}_n(t) + v \; \dot{g}_n(t) + E \, Iy \left(\frac{n\pi}{l} \right)^4 g_n(t) \right) = 0$$

In der eckigen Klammer steht nun eine Differentialgleichung, die nach Division durch ρA von demselben Typ wie die des Einmassenschwingers ist. Ihre Gesamtlösung $g_n(t)_{ges}$ ist wieder die Summe der homogenen $g_n(t)_{hom}$ und der partikulären Lösungen, die hier zu $g_n(t)_{part} = 0$, da keine äußere Belastung vorhanden ist

$$(5.63): \quad g_n(t) = g_n(t)_{hom}.$$

Die Anfangsauslenkung lautet in der Reihe entwickelt

$$(5.64): \quad x_0 = x_0 \sin n\pi \frac{x}{l}.$$

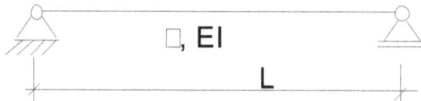

Bild 5.16 Balken ohne Belastung

Die Reihenlösung (5.108) wird nun in die Differentialgleichung (5.96) eingesetzt. Die n Lösungen der homogenen Gleichung werden analog zu (5.34) gefunden

$$(5.65): \quad g_n(t)_{hom} = e^{-\delta t}(C_{1n} \cos\omega_{dn}t + C_{2n} \sin\omega_{dn}t)$$

mit den freien Konstanten C_{1n}, C_{2n} und den Abkürzungen für den Dämpfungsterm

$$(5.66): \quad \delta = \frac{\nu}{2\rho A}$$

die n ungedämpften Eigenkreisfrequenzen

$$(5.67): \quad \omega_n = \left(\frac{n\pi}{l}\right)^2 \sqrt{\frac{E I_y}{\rho A}}$$

und die n gedämpften Eigenkreisfrequenzen

$$(5.68): \qquad \omega_{dn} = \sqrt{\omega_n^2 - \left(\frac{\nu}{2\rho A}\right)^2}$$

Für das ungedämpfte System lautet die Gesamtlösung.

$$(5.69): \qquad g_n(t)_{ges} = (C_{1n}\cos\omega_n t + C_{2n}\sin\omega_n t)$$

$$(5.70): \qquad \dot{g}_n(t)_{ges} = \omega_n(-C_{1n}\sin\omega_n t + C_{2n}\cos\omega_n t)$$

Mit den Anfangsbedingungen

$$(5.71): \qquad w(x = \frac{L}{2}, t = 0) = x_0, \qquad \dot{w}(x = \frac{L}{2}, t = 0) = \dot{x}_0 = 0$$

werden die konstanten C_{1n} und C_{2n} bestimmt

$$(5.72): \qquad g_n(t = 0)_{ges} = (C_{1n}\,1 + C_{2n}\,0) = x_0$$
$$\Rightarrow \quad C_{1n} = x_0$$

$$(5.73): \qquad \dot{g}_n(t = 0)_{ges} = \omega_n(-C_{1n}\,0 + C_{2n}\,1) = \dot{x}_0 = 0$$
$$\Rightarrow \quad C_{2n} = 0$$

Damit lautet die Gesamtlösung des Balkens ohne Belastung

$$(5.74): \qquad w(x,t)_{ges} = \sum_{n=1}^{\infty} \sin n\pi \frac{x}{l}(x_0\cos\omega_n t).$$

$$\Rightarrow w(x,t)_{ges} = \sin\pi\frac{x}{l}(x_0 \cos\omega_1 t)$$

$$+ \sin 2\pi\frac{x}{l}(x_0 \cos\omega_2 t)$$

$$+ \sin 3\pi\frac{x}{l}(x_0 \cos\omega_3 t) +$$

$$+ \ldots + \sin n\pi\frac{x}{l}(x_0 \cos\omega_n t).$$

Damit ergibt sich die Querkraft zu

$$(5.75): \quad Q(x,t) = -E\,I_y\frac{\partial^3 w(x,t)}{\partial x^3}$$

$$= -E\,I_y(-(\frac{n\pi}{l})^3)\sum_{n=1}^{\infty}\sin n\pi\frac{x}{l}(x_0 \cos\omega_n t).$$

und das Moment

$$(5.76): \quad M(x,t) = -E\,I_y\frac{\partial^2 w(x,t)}{\partial x^2}$$

$$= -E\,I_y(-(\frac{n\pi}{l})^2)\sum_{n=1}^{\infty}\sin n\pi\frac{x}{l}(x_0 \cos\omega_n t).$$

Beispiel: Antwort des statisch bestimmt gelagerten Bakens mit $F = \overline{F}_0 \sin\Omega t$

Die n partikulären Lösungen $g_n(t)_{part}$ hängen von der rechten Seite ab. Dazu wird diese für den vorliegenden Fall formuliert. Der Balken wird durch eine harmonische Einzellast $F = \overline{F}_0 \sin\Omega t$ im Abstand b vom linken Auflager belastet (Bild 5.17).

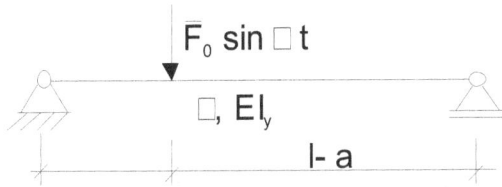

Bild 5.17 Einzellast $F = F_0 \sin\Omega t$ **im Abstand a vom linken Auflager auf**

einem Balken

$$(5.77): \quad \frac{f(t)}{\rho\,A} = = F_0 \sin\Omega t\, \delta(x - a),$$

mit der DIRAC-Funktion $\delta(x - a)$, einer Filterfunktion. Sie sagt aus,

dass alle Werte zu Null werden, außer für die Stelle x=a.

Damit wird der Term auf der rechten Seite der Differentialgleichung

mit dem Ansatz (5.77) multipliziert und über die Balkenlänge L inte-

griert

$$(5.78): \quad \int_0^l \frac{f(t)}{\rho\,A} \sin n\pi \frac{x}{l}\, dx = F_0 \int_0^l \sin\Omega t\, \delta(x - a)\sin n\pi \frac{x}{l}\, dx$$

mit der Einzellast

$$(5.79): \quad F_0 = \frac{\overline{F}_0}{\rho\,A}.$$

Die Integration ergibt genau den Funktionswert an der Stelle a

$$(5.80): \quad \int_0^l \frac{f(t)}{\rho\,A} \sin n\pi \frac{x}{l}\, dx = F_0 \sin\Omega t\, \sin n\pi \frac{a}{l},$$

Jetzt ist die partielle Differentialgleichung in eine einfache Differential-gleichung überführt, die nur noch von der Zeit t abhängt:

$$(5.81): \quad \sum_{n=1}^{\infty} \sin n\pi \frac{x}{l} \left(\ddot{g}_n(t) + 2\delta \dot{g}_n(t) + \omega_n^2 g_n(t) \right)$$
$$= F_0 \sin\Omega t \, \sin n\pi \frac{a}{l}.$$

Durch den Lösungsansatz vom Erregertyp werden die n partikulären Lösungen bestimmt

$$(5.82): \quad g_n(t)_{part} = D_{1n} \sin\Omega t + D_{2n} \cos\Omega t.$$

Die Konstanten D_{1n} und D_{2n} müssen durch einen Koeffizientenver-gleich bestimmt werden. Dazu wird (5.82) nach der Zeit abgeleitet

$$(5.83): \quad \dot{g}_n(t)_{part} = \Omega(D_{1n} \sin\Omega t + D_{2n} \cos\Omega t),$$

$$(5.84): \quad \ddot{g}_n(t)_{part} = -\Omega^2(D_{1n} \sin\Omega t + D_{2n} \cos\Omega t),$$

und eingesetzt. Der Koeffizientenvergleich ergibt dann

$$(5.85): \quad D_{1n} = -\frac{\omega_n^2 - \Omega^2}{2\delta\Omega} D_{2n},$$

$$(5.86): \quad D_{2n} = -F_0 \sin n\pi \frac{b}{l} \frac{2\delta\Omega}{\left(\omega_n^2 - \Omega^2\right)^2 + \left(2\delta\Omega\right)^2},$$

und daraus

$$(5.87): \quad D_{1n} = -F_0 \; \sin n\pi \frac{a}{l} \frac{\left(\omega_n{}^2 - \Omega^2\right)}{\left(\omega_n{}^2 - \Omega^2\right)^2 + (2\,\delta\,\Omega)^2},$$

Die Gesamtlösung der Verschiebung w(x, t) des gedämpften Balkens lautet nun

$$(5.88): \quad w(x,t) = \sum_{n=1}^{\infty} \sin n\pi \frac{x}{l} \sin n\pi \frac{a}{l} \left(g_n(t)_{hom} + g_n(t)_{part} \right)$$

$$= \sum_{n=1}^{\infty} \sin n\pi \frac{x}{l} \sin n\pi \frac{a}{l} (e^{-\delta t}(C_{1n} \cos \omega_{dn} t$$

$$+ + C_{2n} \sin \omega_{dn} t) + \frac{F_0\,(\omega_n{}^2 - \Omega^2)\,\sin\Omega t}{\left(\omega_n{}^2 - \Omega^2\right)^2 + (2\,\delta\,\Omega)^2}$$

$$- \frac{F_0\,2\,\delta\,\Omega\,\cos\Omega t}{\left(\omega_n{}^2 - \Omega^2\right)^2 + (2\,\delta\,\Omega)^2}).$$

Aus dieser Gesamtlösung kann man sofort die Gesamtlösung des ungedämpften Balkens für $\nu = 0$, bzw. $\delta = 0$ gewinnen

$$(5.89): \quad w(x,t) = \sum_{n=1}^{\infty} \sin n\pi \frac{x}{l} \sin n\pi \frac{a}{l} (C_{1n} \cos \omega_n t$$

$$+ C_{2n} \sin \omega_n t + \frac{F_0\,\sin\Omega t}{\left(\omega_n{}^2 - \Omega^2\right)}).$$

Wenn die Erregerfrequenz Ω gleich einer Eigenkreisfrequenz ω_n ist, entsteht Resonanz,

$$(5.90): \quad \Omega = \left(\frac{n\,\pi}{L}\right)^2 \sqrt{\frac{E\,I_y}{\rho\,A}} = \omega_n,$$

deren Lösung entsprechend (3.23), bzw. (3.25) entwickelt werden kann.

Es kann für alle n Eigenkreisfrequenzen jeweils eine Resonanzstelle auftreten, die zum Aufschwingen der Struktur führen kann. Das ist dann besonders gefährlich, wenn in einer Struktur mehrere Eigenkreisfrequenzen nahe beieinander liegen.

Die verbleibenden Konstanten C_{1n}, C_{2n} werden für den gedämpften und den ungedämpften Fall über die Anfangsbedingungen

$$(5.91): \quad w(x,0) = \sum_{n=1}^{\infty} \sin n\pi \frac{x}{l} \sin n\pi \frac{a}{l} (w_0),$$

$$(5.92): \quad \dot{w}(x,0) = \sum_{n=1}^{\infty} \sin n\pi \frac{x}{l} \sin n\pi \frac{a}{l} (\dot{w}_0)$$

bestimmt.

Für den gedämpften Fall lautet die 1. zeitliche Ableitung

$$(5.93): \quad \dot{w}(x,t) = \sum_{n=1}^{\infty} \sin n\pi \frac{x}{l} \sin n\pi \frac{a}{l} (-\delta e^{-\delta t}(C_{1n} \cos\omega_{dn}t$$
$$+ C_{2n} \sin \omega_{dn}t) +$$
$$+ \omega_n e^{-\delta t}(C_{1n} \sin\omega_n t + C_{2n} \cos \omega_n t) +$$
$$+ \frac{\Omega F_0 (\omega_n{}^2 - \Omega^2) \cos\Omega t}{\left(\omega_n{}^2 - \Omega^2\right)^2 + (2\delta\Omega)^2}$$
$$+ \frac{F_0 \, 2\delta\Omega^2 \sin\Omega t}{\left(\omega_n{}^2 - \Omega^2\right)^2 + (2\delta\Omega)^2}).$$

für den ungedämpften Fall lautet sie

$$(5.94): \quad \dot{w}(x,t) = \sum_{n=1}^{\infty} \sin n\pi \frac{x}{l} \sin n\pi \frac{a}{l} (\omega_n(-C_{1n} \sin\omega_n t$$

$$+ C_{2n} \cos \omega_n t) + \frac{\Omega F_0}{\left(\omega_n^2 - \Omega^2\right)} \sin\Omega t).$$

Eingesetzt

$$(5.95): \quad C_{1n} - \frac{F_0 \, 2\delta\Omega}{\left(\omega_n^2 - \Omega^2\right)^2 + \left(2\delta\Omega\right)^2} = w_0,$$

$$(5.96): \quad -\delta C_{1n} + \omega_n C_{2n} + \frac{\Omega F_0 \left(\omega_n^2 - \Omega^2\right)}{\left(\omega_n^2 - \Omega^2\right)^2 + \left(2\delta\Omega\right)^2} = \dot{w}_0,$$

lauten die Konstanten für den gedämpften Balken

$$(5.97): \quad C_{1n} = \frac{F_0 \, 2\delta\Omega}{\left(\omega_n^2 - \Omega^2\right)^2 + \left(2\delta\Omega\right)^2} + w_0,$$

$$(5.98): \quad C_{2n} = \frac{1}{\omega_n}(\dot{w}_0 - \frac{\Omega F_0 \left(\omega_n^2 - \Omega^2\right)}{\left(\omega_n^2 - \Omega^2\right)^2 + \left(2\delta\Omega\right)^2} + \delta C_{1n}),$$

und für den ungedämpften Balken

$$(5.99): \quad C_{1n} = w_0,$$

$$(5.100): \quad C_{2n} = \frac{1}{\omega_{dn}}(\dot{w}_0 - \frac{\Omega F_0}{\left(\omega_n^2 - \Omega^2\right)}).$$

Die Querkraft Q und das Biegemoment M eines Balkens ergeben sich aus der Verschiebung durch die Ableitungen nach x, wie in der Statik. Die Querkraft Q ergibt sich zu (Bild 5.18)

$$(5.101): \quad Q(x,t) = -E\,I_y \frac{\partial^3 w(x,t)}{\partial x^3}$$

$$= E\,I_y (\frac{n\pi}{l})^3 \sum_{n=1}^{\infty} \cos n\pi \frac{x}{l} \sin n\pi \frac{a}{l} \left(\frac{\Omega F_0 \; \sin\Omega t}{\left(\omega_n^2 - \Omega_n^2\right)} \right).$$

An der Unstetigkeitsstelle am Lastangriffspunkt durch die Einzellast erhält man in der Numerik keine exakte Sprungfunktion, die sich durch die Genauigkeit der Balkenapproximation verbessern lässt.

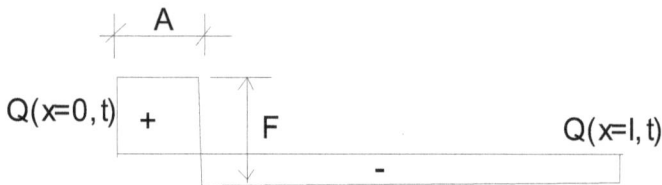

Bild 5.18 Querkraftverlauf Q des Balkens

Das Biegemoment M ergibt sich zu (Bild 5.19)

$$(5.102): \quad M(x,t) = -E\,I_y \frac{\partial^2 w(x,t)}{\partial x^2}$$

$$= E\,I_y (\frac{n\pi}{l})^2 \sum_{n=1}^{\infty} \sin n\pi \frac{x}{l} \sin n\pi \frac{a}{l} \left(\frac{\Omega F_0 \; \sin\Omega t}{\left(\omega_n^2 - \Omega_n^2\right)} \right).$$

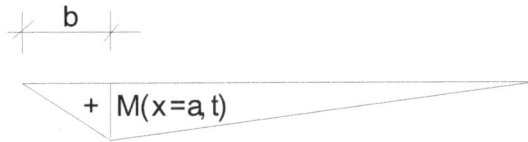

Bild 5.19 Biegemomentenverlauf M

Für den eingeschwungenen Zustand ergibt sich für die ersten 3 Reihenglieder

$$(5.103): \quad w(x,t) = \sum_{n=1}^{\infty} \sin n\pi \frac{x}{l} \sin n\pi \frac{a}{l} \left(\frac{\Omega F_0 \; \sin \Omega t}{\left(\omega_n^2 - \Omega_n^2 \right)} \right)$$

$$= \sin \pi \frac{x}{l} \sin \pi \frac{a}{l} \left(\frac{\Omega F_0 \; \sin \Omega t}{\left(\omega_1^2 - \Omega_1^2 \right)} \right)$$

$$+ \sin 2\pi \frac{x}{l} \sin 2\pi \frac{a}{l} \left(\frac{\Omega F_0 \; \sin \Omega t}{\left(\omega_2^2 - \Omega_2^2 \right)} \right) + \dots$$

$$+ \sin n\pi \frac{x}{l} \sin n\pi \frac{a}{l} \left(\frac{\Omega F_0 \; \sin \Omega t}{\left(\omega_n^2 - \Omega_n^2 \right)} \right)$$

Für die Eigenkreisfrequenzen

n	1	2	3	4	5	6	7	8
$\omega \left[\dfrac{1}{\text{sec}} \right]$ Hz	164	657	1477	2627	4104	5910	8044	10506

Im Fall 1 (Bild 5.20) wird die 1. Eigenform des Systems angeregt und ist maßgeblich an der Antwort beteiligt. Die Lösung entspricht der statischen Lösung (Bilder   )

Bei der Querkraft konvergiert die Reihe nicht, trotzdem ist das Ergebnis brauchbar.

Fall 1:

a) Antwort des Systems $w(x,t)/\sin\Omega t$

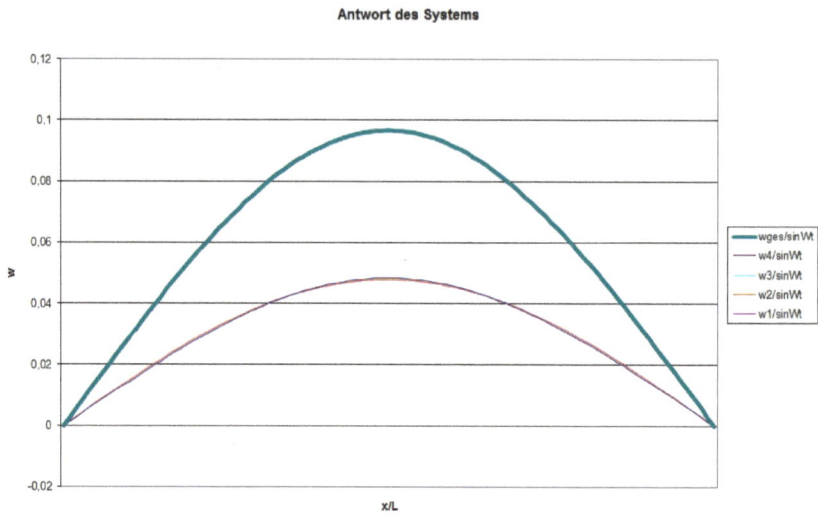

Antwort des Systems

b) Moment $M(x,t)/\sin\Omega t$

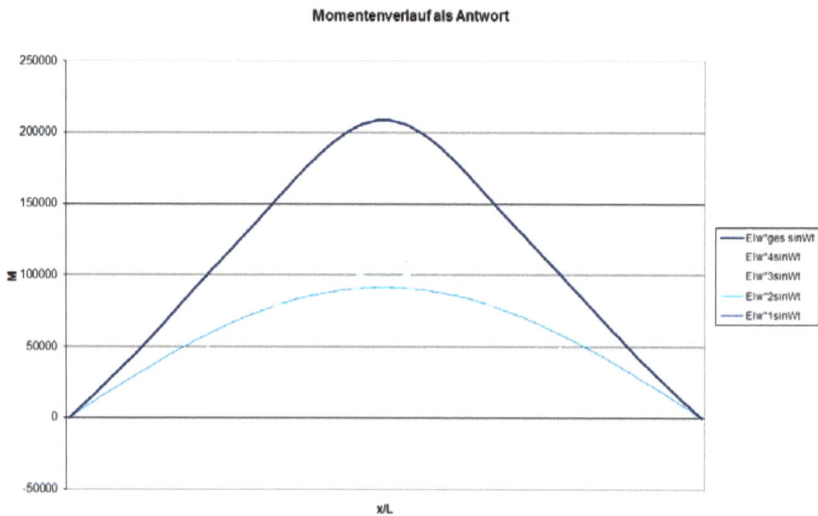

Momentenverlauf als Antwort

c) Querkraft $Q(x,t)/\sin\Omega t$

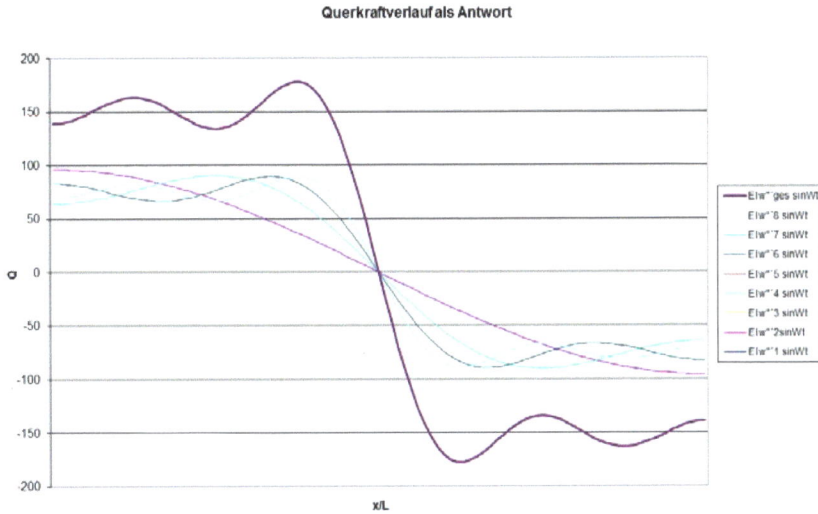

Querkraftverlauf als Antwort

Bild 5.20 l=3m, b= 100 mm, h= 100 mm, $\rho = 7{,}811 \cdot 10^{-06} \dfrac{kg}{mm^3}$, $E = 2{,}1 \cdot 10^5 \dfrac{N}{mm^2}$

, F = $\overline{F}_0$ sinΩt , (F0=10N, $\Omega = 10Hz$, a= 1500 cm;

a) Antwort $w(x,t)/\sin\Omega t$; **b) Moment** $M(x,t)/\sin\Omega t$;

c) Querkraft $Q(x,t)/\sin\Omega t$

Fall 2:

a) Antwort des Systems $w(x,t)/\sin\Omega t$

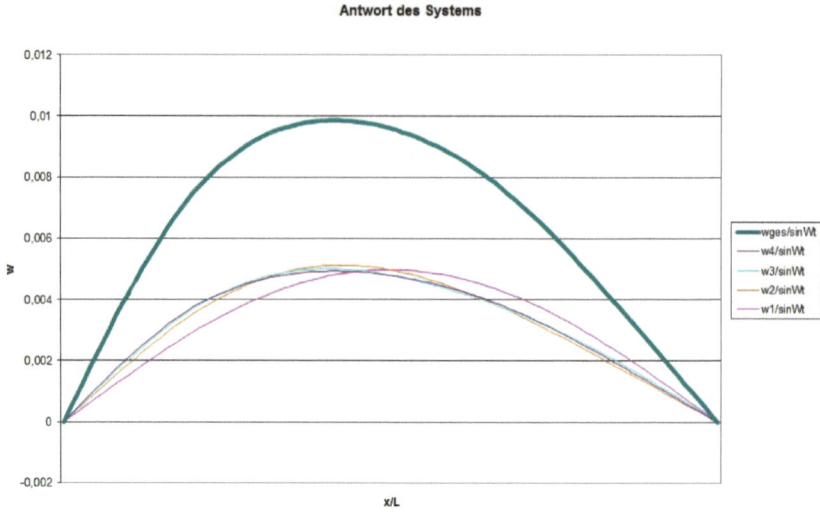

Antwort des Systems

b) Moment M(x,t)/sinΩt

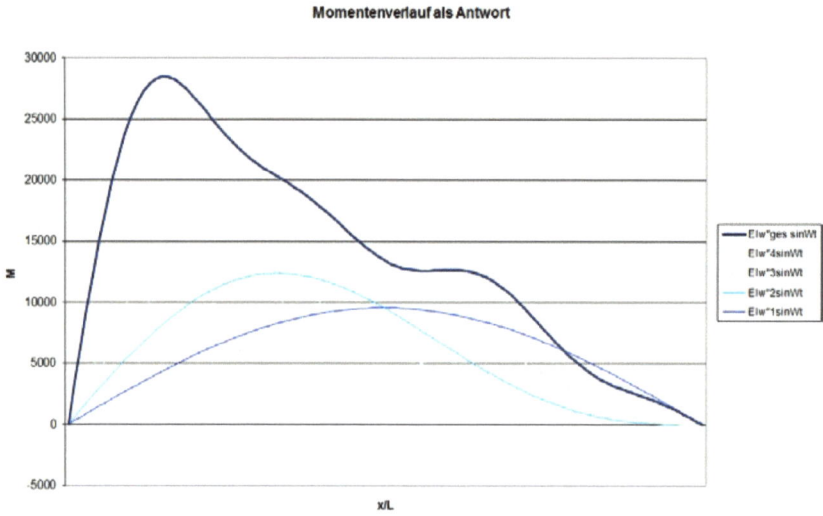

Momentenverlauf als Antwort

c) Querkraft Q(x,t)/sinΩt

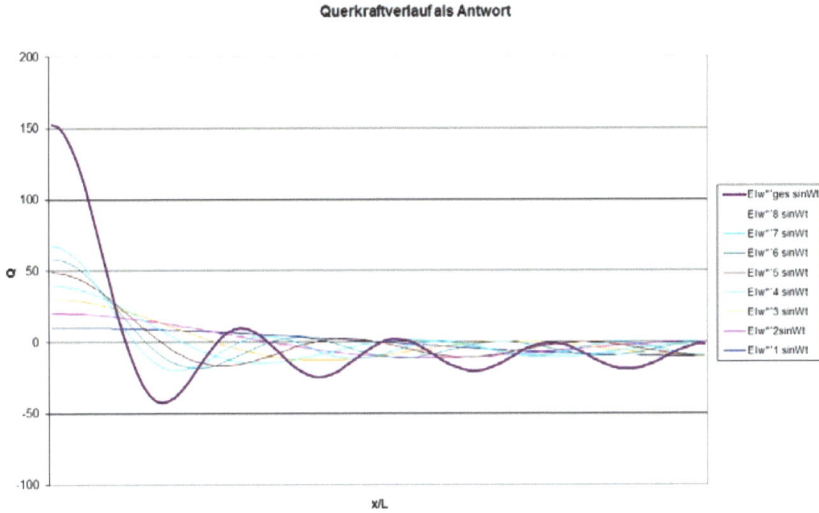

Querkraftverlauf als Antwort

Bild 5.21 l=3m, b= 100 mm, h= 100 mm, $\rho = 7,81 \cdot 10^{-06} \dfrac{kg}{mm^3}$,

$E = 2,1 \cdot 10^5 \dfrac{N}{mm^2}$, $F = \overline{F}_0 \sin\Omega t$, **(F$_0$=10N**, $\Omega = 10Hz$, **a= 100 cm;**

a) Antwort $w(x,t)/\sin\Omega t$; **b) Moment** $M(x,t)/\sin\Omega t$; **c) Querkraft**

$$Q(x,t)/\sin\Omega t$$

Fall 3:

a) Antwort des Systems $w(x,t)/\sin\Omega t$

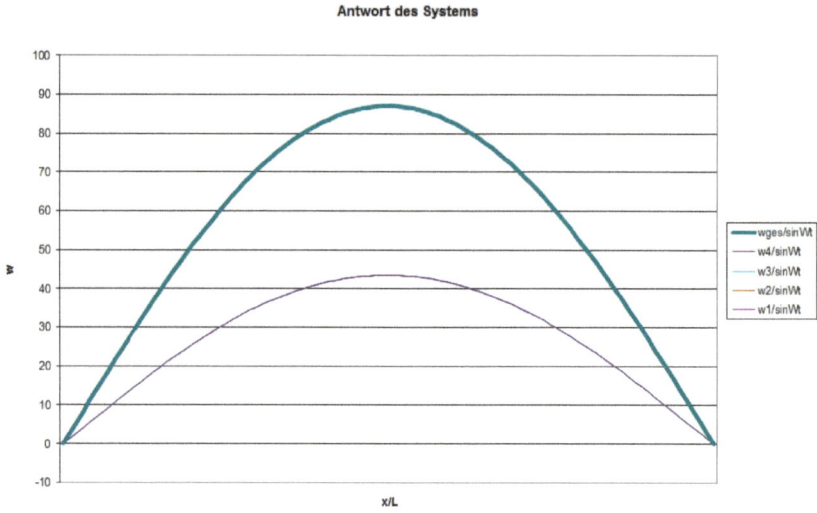

Antwort des Systems

b) Moment $M(x,t)/\sin\Omega t$

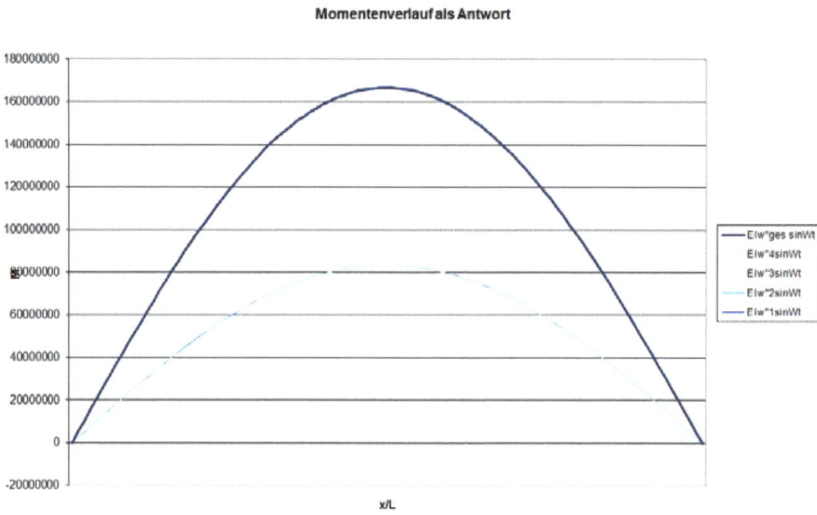

Momentenverlauf als Antwort

c) Querkraft $Q(x,t)/\sin\Omega t$

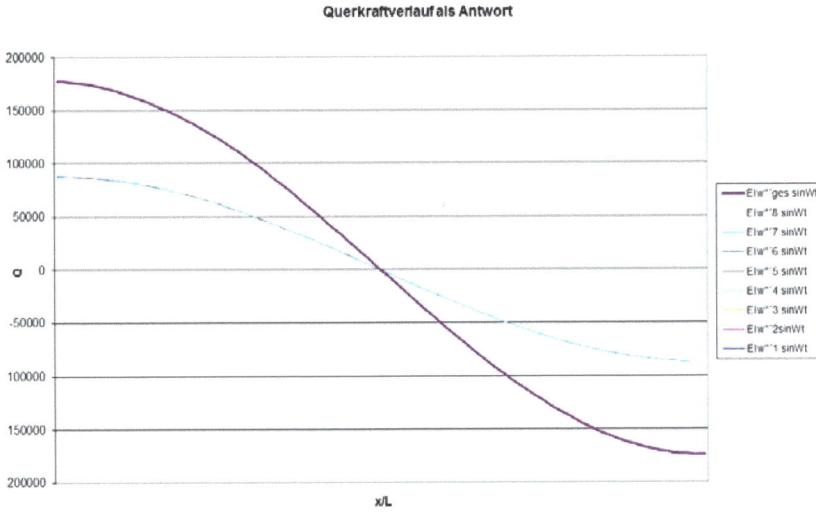

Querkraftverlauf als Antwort

$5.22\ l=3m,\ b=100\ mm,\ h=100\ mm,\ \rho=7,81\,10^{-06}\,\dfrac{kg}{mm^3}$,

$E=2,1\,10^5\,\dfrac{N}{mm^2}$, $F=\overline{F}_0\ sin\Omega t$, $(F_0=10N,\ \Omega=164\,Hz$ (Resonanz 1.

Eigenkreisfrequenz), a=100cm;

a) Antwort $w(x,t)/sin\Omega t$; b) Moment $M(x,t)/sin\Omega t$; c) Querkraft

$Q(x,t)/sin\Omega t$

Fall 4:

a) Antwort des Systems $w(x,t)/sin\Omega t$

Antwort des Systems

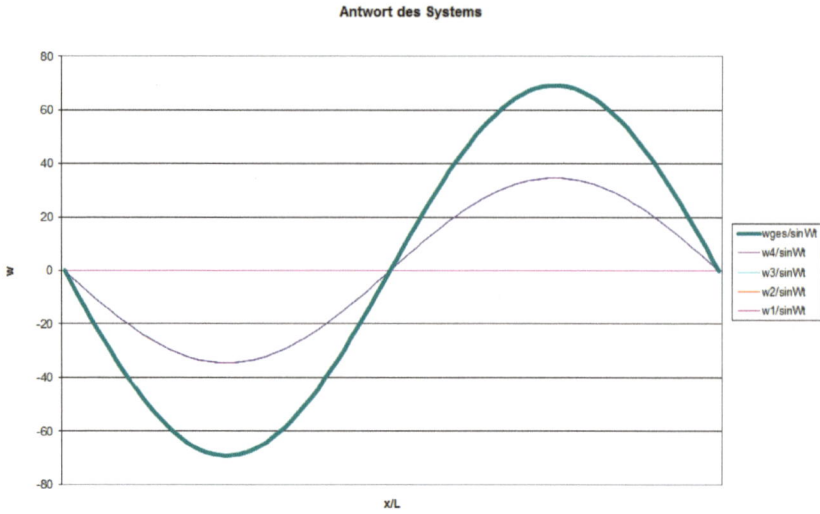

b) Moment $M(x,t)/\sin\Omega t$

Momentenverlauf als Antwort

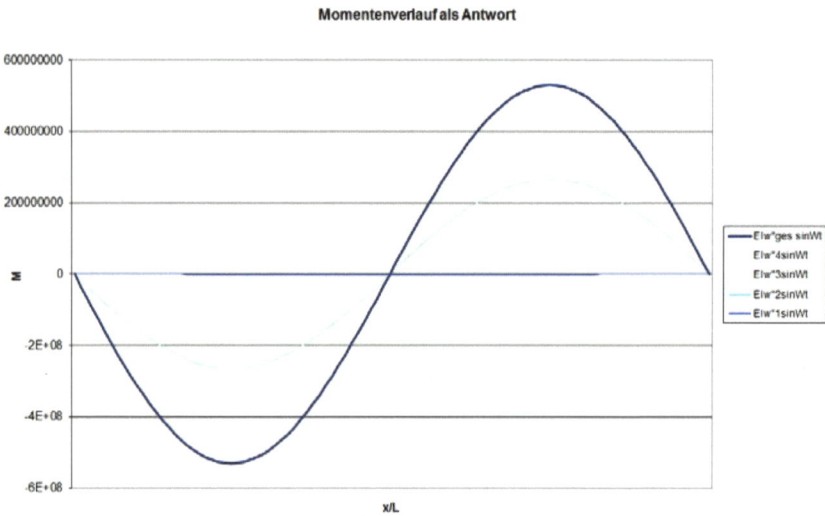

c) Querkraft $Q(x,t)/\sin\Omega t$

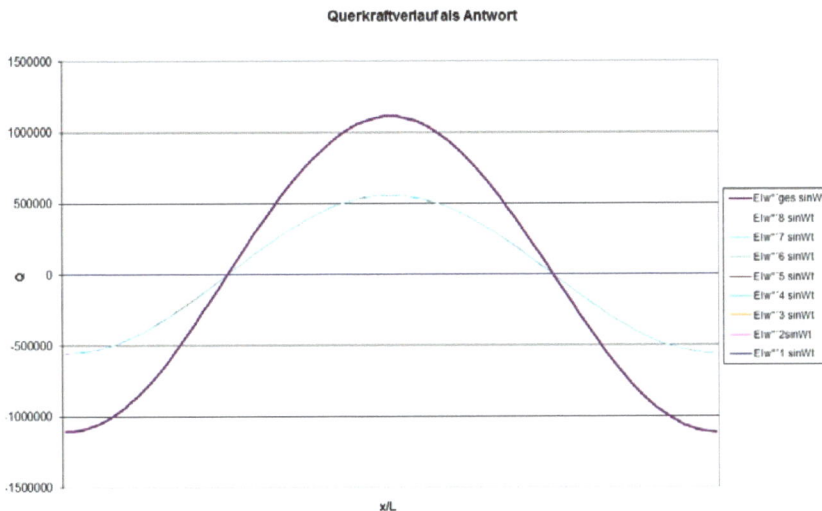

Querkraftverlauf als Antwort

Bild

5.23 $l=3m$, $b=100$ mm, $h=100$ mm, $\rho = 7{,}81 \cdot 10^{-06} \dfrac{kg}{mm^3}$,

$E = 2{,}1 \cdot 10^5 \dfrac{N}{mm^2}$, $F = \overline{F}_0 \sin\Omega t$, (F_0=10N, $\Omega = 657$ Hz (Resonanz 2.

Eigenkreisfrequenz), a=100cm;

a) Antwort $w(x,t)/\sin\Omega t$; b) Moment $M(x,t)/\sin\Omega t$; c) Querkraft

$Q(x,t)/\sin\Omega t$

In den Bildern 5.21 und 5.22 wird die 1. Eigenform des Systems angeregt und ist maßgeblich an der Antwort beteiligt. Im Bild 5.23 wird die
2. Eigenform des Systems angeregt und ist maßgeblich an der Antwort beteiligt.

Bei der Querkraft konvergiert die Reihe nicht mehr. Trotzdem ist das
Ergebnis brauchbar.

Aufgaben zu Kapitel 5

AUFGABE 5.1

Bestimmung der Eigenkreisfrequenz eines balkenartigen Schwingers

Bestimmung der Antwort des Schwingers

Ein ungedämpfter balkenartiger Schwinger (Massenbelegung μ, Länge l, Biegesteifigkeit EI) wird mit eine Anfangsauslenkung x_0 und einer Anfangsgeschwindigkeit $\dot{x}_0$ belastet.

gegeben: μ, l=10 m, EI=1,2 10^{12} N cm^2, x_0=10 mm, $\dot{x}_0 = 1\dfrac{m}{sec}$

gesucht: Bestimmung der Eigenkreisfrequenz und der Antwort des Schwingers

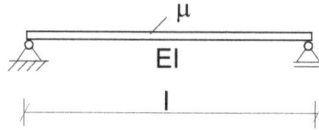

Bild 5.24 Ungedämpfter, balkenartiger Schwinger

LÖSUNG

$$\omega = \sqrt{\frac{48\,g\,EI}{m}} = 115,31\,\frac{1}{sec}$$

$$x_1 = x_0\cos\omega t + \frac{\dot{x}_0}{\omega}\sin\omega t.$$

AUFGABE 5.2

o Bestimmung der Eigenkreisfrequenz eines balkenartigen Schwingers

o Bestimmung der Antwort des Schwingers

Ein ungedämpfter balkenartiger Schwinger (Massenbelegung μ, Länge l, Biegesteifigkeit EI, feste Einspannung rechts und links) wird mit eine Anfangsauslenkung x_0 und einer Anfangsgeschwindigkeit $\dot{x}_0$ belastet.

gegeben: $x_0 = 1$ mm, $\dot{x}_0 = 1\dfrac{m}{sec}$, l=3 m; h=100 mm; b=100 mm;

$E_{Stahl} = 2,1 \ 10^5 \ \dfrac{N}{mm^2}$; $\rho = 7,8 \ 10^{-6} \ \dfrac{kg}{mm^3}$

gesucht: Bestimmung der Eigenkreisfrequenz und der Antwort des Schwingers

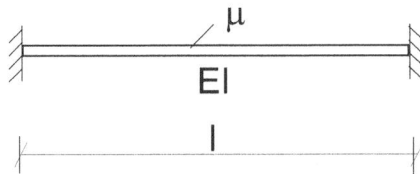

Bild 5.2.1 Ungedämpfter, balkenartiger Schwinger

LÖSUNG

$$\omega = \sqrt{\dfrac{c_{ers}}{m}} = 230,61\dfrac{1}{sec}$$

$$x_2 = x_0 \cos\omega t + \dfrac{\dot{x}_0}{\omega} \sin\omega t.$$

Aufgabe 5.3

- o FOURIER-Reihenentwicklung
- o Bestimmung einer Funktion durch die Addition verschiedener Anteile

Eine Reihenfunktion f(x) ist gegeben. Ungedämpfter balkenartiger Schwinger (Massenbelegung μ, Länge l, Biegesteifigkeit EI) wird mit eine Anfangsauslenkung x_0 und einer Anfangsgeschwindigkeit $\dot{x}_0$ belastet.

gegeben: $b_n(x) = \dfrac{16\,a}{n^3} \dfrac{l}{\pi^3} (\cos(n\pi) - \cos(\dfrac{n\pi}{2}))\, \sin(\dfrac{n\pi}{i}\, x)$

gesucht: Bestimmung der Funktion durch die Addition verschiedener Anteile

LÖSUNG

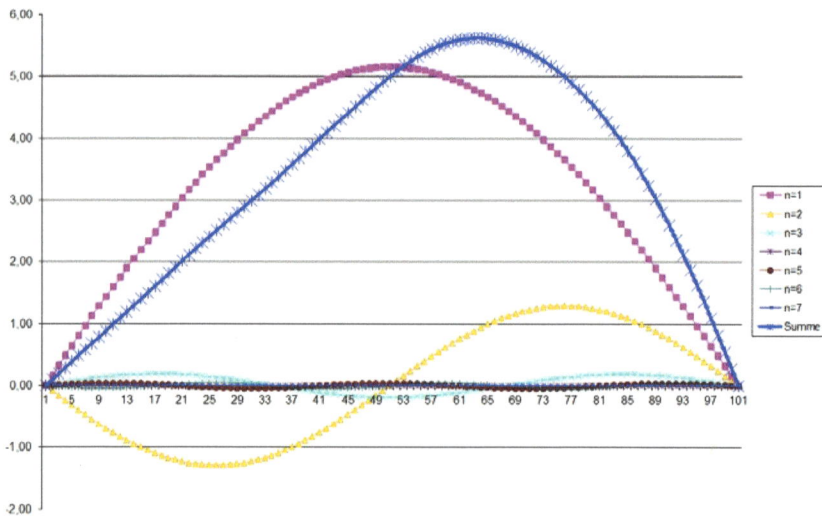

Aufgabe 5.4

- Eigenwertproblem

- Bestimmung der Eigenformen

- Ein Balken auf zwei Stützen ist gegeben.

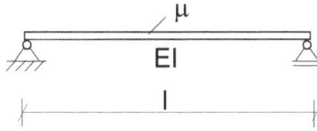

Bild 5.25 Ungedämpfter, balkenartiger Schwinger

gegeben: w(x,t)=w*(x) g(t), l, EI

gesucht: Aus der Ansatzfunktion

$$w^*(x) = A\sin(ax) + B\cos(ax) + C\sinh(ax) + D\cosh(ax)$$

werden die Eigenwerte und Eigenformen des Systems gesucht.

LÖSUNG

$$w_n^*(x) = A_n\sin(\frac{n\pi}{l}x).$$

AUFGABE 5.5

- o Eigenwertproblem

- o Bestimmung der Eigenformen

- o Ein Kragarm ist gegeben.

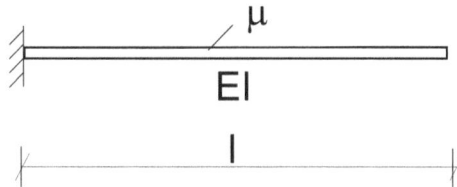

Bild 5.26 Ungedämpfter, balkenartiger Schwinger

gegeben: w(x,t)=w*(x) g(t), l, EI

gesucht: Aus der Ansatzfunktion

$$w^*(x) = A\sin(ax) + B\cos(ax) + C\sinh(ax) + D\cosh(ax)$$

werden die Eigenwerte und Eigenformen des Systems gesucht.

LÖSUNG

$$w_1^*(x) = -0{,}733\,\sin(a_1 x) + \cos(a_1 x) + 0{,}733\,\sinh(a_1 x) - \cosh(a_1 x).$$

AUFGABE 5.6

- o Eigenwertproblem

- o Bestimmung der Eigenformen

- o Ein Kragarm mit Lager ist gegeben.

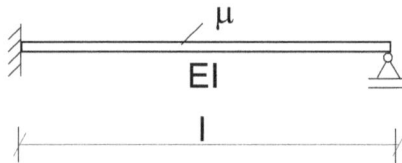

Bild 5.27 Ungedämpfter, balkenartiger Schwinger

gegeben: $w(x,t) = w^*(x)\,g(t)$, I, EI

gesucht: Aus der Ansatzfunktion

$$w^*(x) = A\sin(ax) + B\cos(ax) + C\sinh(ax) + D\cosh(ax)$$

werden die Eigenwerte und Eigenformen des Systems gesucht.

LÖSUNG

$$w_1^*(x) = \sin(a_1 x) - \cos(a_1 x) - \sinh(a_1 x) + \cosh(a_1 x).$$

AUFGABE 5.7

o Eigenwertproblem

o Bestimmung der Eigenformen

Ein Balken ohne Lager ist gegeben.

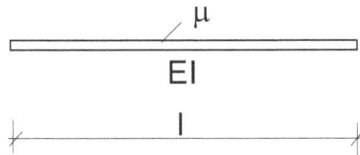

Bild 5.28 Ungedämpfter, balkenartiger Schwinger

gegeben: $w(x,t) = w^*(x)\,g(t)$, I, EI

gesucht: Aus der Ansatzfunktion

$w_n^*(x) = A_n\sin(a_nx) + B_n\cos(a_nx) + C_n\sinh(a_nx) + D_n\cosh(a_nx)$ werden

die Eigenwerte und Eigenformen des Systems gesucht.

$w_1^*(x) = \sin(a_1x) + \cos(a_1x) + \sinh(a_1x) - \cosh(a_1x)$.

AUFGABE 5.8

o Eigenwertproblem

o Bestimmung der Eigenformen

o Analyse der Komponentenschwingungen in einem Rahmensystem

o Analytische Analyse mit Hilfe einer Näherungslösung,

o Auswertung der analytischen Methode mit Hilfe einer EXCEL-Tabelle,

- o Auswertung mit einer numerischen Methode mit dem Programm MATLAB[3],

- o Auswertung mit einer numerischen Methode Finite-Elemente-Methode mit dem Programm MARC[4]

Untersucht wird ein vereinfacht dargestelltes, mechanisches Versuchsmodell, das zur Analyse der Komponentenschwingungen in einem Rahmensystem entwickelt wird.

Um die Richtigkeit der Berechnung sicher zu stellen, wird die Schwingungsanalyse über 3 unterschiedliche Untersuchungsmethoden durchgeführt

- o Analytische Analyse mit Hilfe einer Näherungslösung,

- o Auswertung der analytischen Methode mit Hilfe einer EXCEL-Tabelle,

- o Auswertung mit einer numerischen Methode mit dem Programm MATLAB

- o Auswertung mit einer numerischen Methode Finite-Elemente-Methode mit dem Programm MARC.

Eine detaillierte Schwingungsanalyse wird durchgeführt, wobei auf alle Besonderheiten eingegangen wird.

Bei dem vereinfacht dargestellten, mechanischen Versuchsmodell handelt es sich um ein Rahmensystem (Bild 5.29). La-

---

[3] von The MathWorks, Inc.

[4] von MSC Software

ger A ist ein Loslager, in dem sich das globale Koordinatensystem befindet. Lager B ist ein Festlager.

Es handelt sich um ein statisch bestimmtes System. Am Ende des auskragenden Teilsystems wirkt die Kraft F. Die Krafteinleitung auf das System erfolgt linear.

Dieses Rahmensystem ist dehnsteif in allen Bereichen.

gegeben: F=50N, $E_{Stahl} = 2,1 \cdot 10^5 \frac{N}{mm^2}$; $\rho = 7,8 \cdot 10^{-6} \frac{kg}{mm^3}$,

$g = 9,81 \frac{m}{s^2}$, EA $= \infty$, $GA_s = \infty$, a, b, h, 4-Kantprofil Außenlängen

a*=500 mm, h*=500 mm, F_0 = 1000N, t_1 = 0,1 s, t_2= 0,4 s, $y_0 = 0$,

$\dot{y}_0 = 0$, m=20 kg

gesucht: Bestimmung der Größe der maximalen Auslenkung

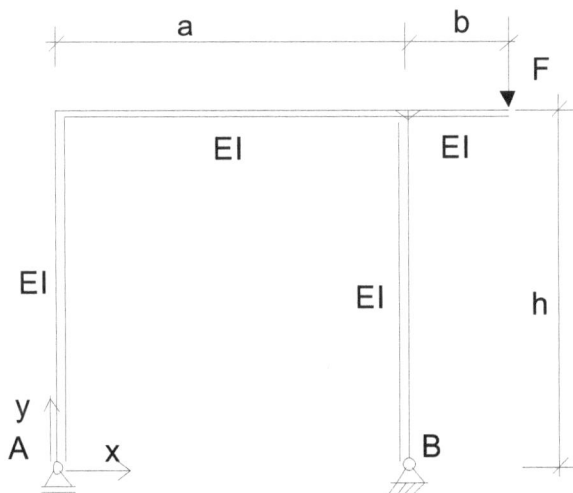

Bild 5.29: Vereinfacht dargestelltes, mechanisches Versuchsmodell: Rahmensystem

AUFGABE 5.9

- Eigenwertproblem

- Bestimmung der Eigenformen

- Analyse der Komponentenschwingungen in einem Balken

- Analytische Analyse mit Hilfe einer Näherungslösung,

- Auswertung der analytischen Methode mit Hilfe einer EXCEL-Tabelle,

- Auswertung mit einer numerischen Methode mit dem Programm MATLAB[5],

- Auswertung mit einer numerischen Methode Finite-Elemente-Methode mit dem Programm NX[6]

Untersucht wird eine Schwingungsanalyse einer Turbinenwelle durchgeführt. Dafür wird zuerst ein vereinfachtes Modell erzeugt, um den Schwerpunkt auf die numerische Berechnung zu begrenzen.

Zur besseren Kontrolle wird das System mit Hilfe von vier verschiedenen Methoden umgesetzt und berechnet, wobei alle Methoden dieselben Ergebnisse erzielen müssen

- Analytische Analyse mit Hilfe einer Näherungslösung,
- Auswertung der analytischen Methode mit Hilfe einer EXCEL-Tabelle,
- Auswertung mit einer numerischen Methode mit dem Programm MATLAB

---

[5] von The MathWorks, Inc.

[6] NX von SIEMENS

o Auswertung mit einer numerischen Methode Finite-Elemente-Methode mit dem Programm NX.

Eine detaillierte Schwingungsanalyse wird detailliert durchgeführt, wobei auf alle Besonderheiten eingegangen wird.

Bei dem vereinfacht dargestellten, mechanischen Versuchsmodell handelt es sich um ein Balkensystem (Bild 5.30). Lager A ist ein Loslager, in dem sich das globale Koordinatensystem befindet. Lager B ist ein Festlager.

Bild 5.30 zeigt die vereinfachte Turbinenwelle. Diese wird durch die Lagerstellen A und B im Raum fixiert, wobei Lager A als Festlager und Lager B als Loslager definiert ist. Die Länge l_1 beschreibt den Abstand der Lagerstellen, die zudem symmetrisch zur Wellenmitte ausgerichtet sind. Die Welle wird auf der rechten Seite durch ein Torsionsmoment M_T belastet. Eine Kraft F als Ersatz für die Turbinenschaufeln wird zwischen den Lagerpunkten A und B eingeleitet, wobei diese durch den Abstand x variabel ist. Die Krafteinleitung auf das System erfolgt linear.

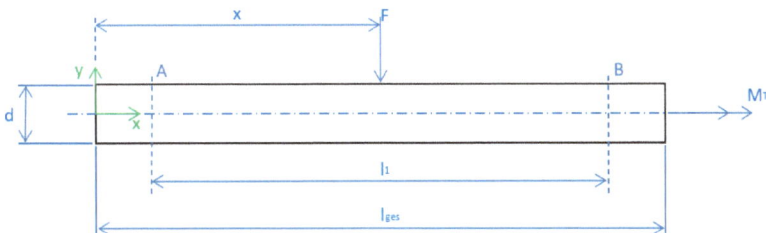

Bild 5.30: Vereinfachtes Turbinenmodell

gegeben: F= 1000N, $\Omega = 50 \frac{1}{sec}$, $F(t) = F_0 \cos(\Omega t)$, M_T = 1000 Nm,

$M_T(t) = M_T \cos(\Omega t)$, $E_{Stahl} = 2,1 \ 10^5 \frac{N}{mm^2}$; $G_{Stahl} = 7 \ 10^4 \frac{N}{mm^2}$,

$\rho = 7,8 \ 10^{-6} \frac{kg}{mm^3}$, $g = 9,81 \frac{m}{s^2}$, $EA = \infty$, l_1 = 8 m, l_{ges} = 10 m, d = 0,8

m, x = 5 m, Drehzahl $n = 60 \frac{1}{s}$, $x(t = 0) = x_0$, $\dot{x}(t = 0) = v_0$

gesucht: Zu berechnen sind die Lagerkräfte, die Durchbiegung, die Verdrehung, die Eigenkreisfrequenzen, die Frequenzen und die dynamische (zeitabhängige) Verschiebung.

Hier können Sie eine kostenlose Strategie-Session buchen oder schreiben Sie mir, wenn Ihnen dieses Buch gefällt und Sie Anregungen oder Fragen haben.

Hier kommen Sie zum kostenlosen Bonusmaterial zum Buch.

Besuchen Sie auch meinen Blog „Selbstführung & Produktivität". Ich helfe Ihnen, bessere Ergebnisse zu erzielen.

6 NUMERISCHE LÖSUNG DER NEWTON-EULER-GLEICHUNG

Die Differentialgleichung, die NEWTON-EULER-Gleichung wird nun als Matrix geschrieben

$$(6.1): \quad \mathbf{M\ddot{U}} + \mathbf{C\dot{U}} + \mathbf{KU} = \mathbf{F}.$$

mit der Massenmatrix $\mathbf{M}$, der Dämpfungsmatrix $\mathbf{C}$, der Steifigkeitsmatrix $\mathbf{K}$, dem Vektor der äußeren Lasten $\mathbf{F}$, den Verschiebungs-, Geschwindigkeits-Und Beschleunigungsvektoren $\mathbf{U}$, $\mathbf{\dot{U}}$, $\mathbf{\ddot{U}}$.

Diese Gleichung lässt sich auch als Gleichgewichtsbedingung schreiben

$$(6.2): \quad -\mathbf{F}_T(t) - \mathbf{F}_D(t) - \mathbf{F}_E(t) + \mathbf{F}(t) = 0.$$

Darin sind die Trägheitskräfte

$$(6.3): \quad \mathbf{F}_T(t) = \mathbf{M\ddot{U}},$$

die Dämpferkräfte

$$(6.4): \quad \mathbf{F}_D(t) = \mathbf{C\dot{U}},$$

und die elastischen Kräfte

$$(6.5): \quad \mathbf{F}_E(t) = \mathbf{KU},$$

jeweils zum Zeitpunkt t abgeleitet.

Wenn die Trägheits-Und Dämpferkräfte vernachlässigt werden, erhält man aus diesen Gleichungen die statischen Gleichgewichtsbedingungen.

Deshalb kann man die Bewegungsgleichungen jeweils für einen Zeitpunkt t als quasistatische Gleichung auffassen und in vielen Zeitschritten wie ein statisches Problem lösen. Allerdings ist dieses Verfahren zur Lösung der kinematischen Probleme sehr aufwendig und nicht immer durchführbar.

Deshalb werden Lösungsmethoden entwickelt, mit denen sich diese Gleichungssysteme stabil und wirtschaftlich lösen lassen. Die Verfahren werden in zwei Methoden unterteilt, in die der Direktintegration und der Modale Superposition.

6.1 Direktintegrationsmethode

Bei der direkten Integration werden die Gleichungen direkt mit Hilfe eines numerischen Schritt-Für-Schritt -Verfahrens integriert. Dazu müssen die Gleichungen nicht vorab in eine andere Form transformiert werden.

Das System wird näherungsweise in diskreten, finiten Zeitintervallen Δt erfüllt, also nicht für jeden Zeitpunkt. Der Effekt der Trägheits- und Dämpferkräfte wird aber mitberücksichtigt. Das führt dann wieder auf Lösungsverfahren, die aus der Statik bekannt sind.

Um die Ergebnisse in diesen Zeitintervallen zu verbessern, wird bei der Direktintegration eine zweite und wesentliche Annahme getroffen. Die Verschiebungen, Geschwindigkeiten und Beschleunigungen werden in diesem finiten Zeitintervall variiert. Diese Variation bestimmt dann auch die Genauigkeit, Stabilität und die Wirtschaftlichkeit dieses Verfahrens.

Einige der üblicherweise verwendeten, effektiven direkten Integrationsmethoden ist die Zentrale Differenzenmethode, die hier ausführlicher beschrieben wird.

6.2 Zentrale Differenzenmethode

Mit Hilfe eines geeigneten Finite-Differenzen-Ansatzes durch Näherungsausdrücke können in (3.149) die Verschiebungen, Geschwindigkeiten und Beschleunigungen ausgedrückt werden. Ein effektiver Ansatz ist aus der Vielzahl der Ansatzmöglichkeiten die Verschiebung

$$(6.6): \quad {}^{t}\mathbf{U},$$

die Geschwindigkeit

$$(6.7): \quad {}^{t}\dot{\mathbf{U}} = \frac{-{}^{t-\Delta t}\mathbf{U} + {}^{t+\Delta t}\mathbf{U}}{2\Delta t},$$

und die Beschleunigung

$$(6.8): \quad {}^{t}\ddot{\mathbf{U}} = \frac{{}^{t-\Delta t}\mathbf{U} + 2\,{}^{t}\mathbf{U} + {}^{t+\Delta t}\mathbf{U}}{\Delta t^{2}},$$

die zur Zeit t=0 mit dem Zeitschritt Δt beginnt.

In (3.149) eingesetzt, erhält man

$$(6.9): \quad \mathbf{M}\,{}^{t}\ddot{\mathbf{U}} + \mathbf{C}\,{}^{t}\dot{\mathbf{U}} + \mathbf{K}\,{}^{t}\mathbf{U} = {}^{t}\mathbf{F}.$$

die mit den Ansatzfunktionen (6.6), (6.7) und (6.8), nach Zeitschritten aufgelöst

$$(6.10): \quad \left(\frac{\mathbf{M}}{\Delta t^2} + \frac{\mathbf{C}}{2\Delta t}\right)^{t+\Delta t}\mathbf{U}$$

$$= {}^{t}\mathbf{F} - \left(\mathbf{K} - 2\frac{\mathbf{M}}{\Delta t^2}\right)^{t}\mathbf{U} - \left(\frac{\mathbf{M}}{\Delta t^2} - \frac{\mathbf{C}}{2\Delta t}\right)^{t-\Delta t}\mathbf{U}$$

liefert. Es handelt sich hierbei um eine explizite Differenzenmethode, da bei der Lösung der Bewegungsgleichung immer vom Anfangszeitpunkt ausgegangen werden muss.

Dagegen gibt es implizite Verfahren, die für jeden beliebigen Anfangszeitpunkt stabile Lösungen liefern. Sie sollen hier nur namentlich genannt werden, zum Beispiel die HOUBOLTsche Methode, die WILSONsche Θ – Methode oder die NEWMARKsche Methode.[7].

6.3 Berechnung eines Einmassenschwingers mit dynamischer Belastung

In Bild 6.1 ist Einmassenschwinger mit einer idealisierten Dehnfeder dargestellt. Die Ruhelage ist durch die sternförmigen Knoten definiert. Die maximale Auslenkung nach rechts ist durch die Verschiebung der Masse dargestellt.

---

[7] Bathe, Finite-Elemente-Methoden

```
DEFORMATION: 1- B.C. 1,MODE 1,DISPLACEMENT_1
MODE: 1        FREQ:  2.756644
DISPLACEMENT - MAG MIN: 0.00E+00 MAX: 1.00E+03
FRAME OF REF: PART
```

Bild 6.1 Einmassenschwinger mit einer idealisierten Dehnfeder

In Bild 6.2 wird die konstante Kraft als dynamische Belastung über die Zeit angegeben. Die Antwort des Systems ist in Bild 6.3 gezeigt. Der Knick in der Funktion, bzw. die Winkeländerung der Frequenz wird durch die Richtungsänderung der Bewegung bewirkt.

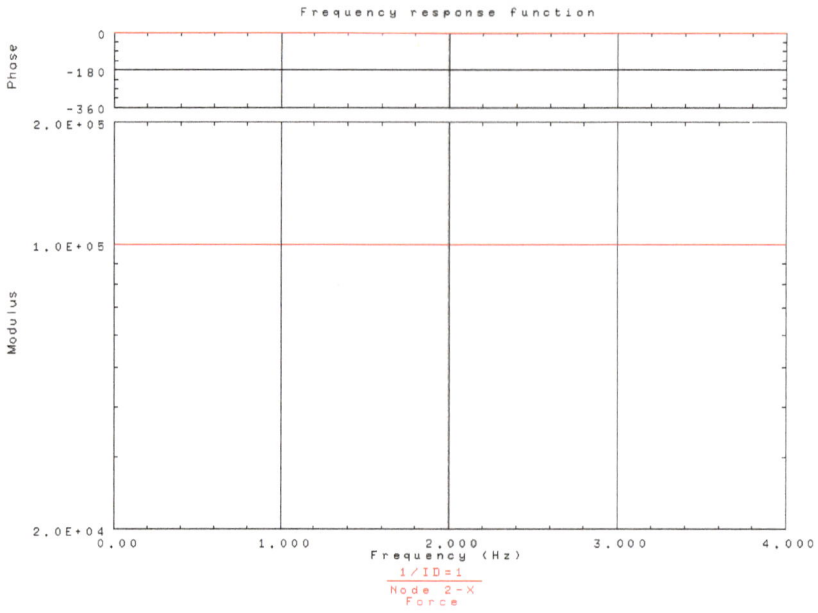

Bild 6.2 Darstellung der konstanten Kraft als dynamische Belastung

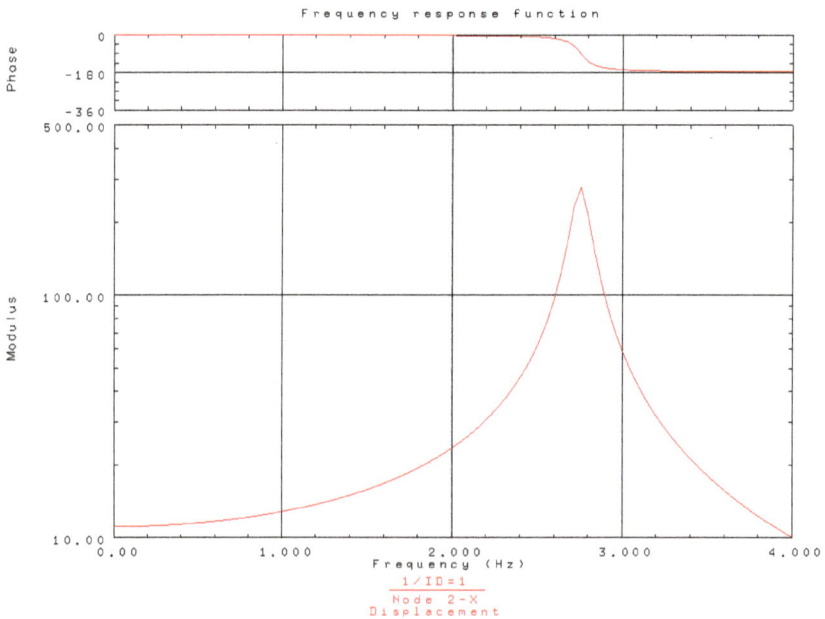

Bild 6.3 Antwort des Lastangriffspunktes über die Zeit

6.4 Modale Superposition

Bei der direkten Integration ist die Anzahl der für die Integration erforderlichen Rechenoperationen mit der Anzahl der in der Berechnung verwendeten Zeitschritte proportional. Daher ist die Direktintegration nur dann effektiv, wenn eine kurze Zeitspanne, bzw. wenige Zeitschritte benötigt werden.

Wenn die Integration jedoch für viele Zeitschritte ausgeführt werden muss, wird es effektiver, die Bewegungsgleichung in eine transformierte Form zu bringen, die sich dann einfacher lösen lässt.

Die Bandbreite der Gesamtsteifigkeitsmatrix ist von der Knotennummerierung abhängt. Die Topologie des Finite-Elemente-Netzes bestimmt also die Ordnung und die Bandbreite der Systemmatrizen. Um die Bandbreite und damit die Rechenzeit zu minimieren, muss die Knotennummerierung des Systems entsprechend optimiert werden.

Die Methode der Modalen Superposition ist ein Lösungsverfahren, das die Größe der Bandbreite der Gesamtsteifigkeitsmatrix automatisch durch die Wahl der Ansatzfunktionen minimiert.

6.4.1 Modale generalisierte Verschiebungen als neue Basis

Dafür werden die Bewegungsgleichungen in eine für die Direktintegration effektivere Form transformiert. Diese wird auf die Knotenverschiebungen angewandt

$$(6.11): \quad \mathbf{U}(t) = \mathbf{P}\,\mathbf{X}(t).$$

Dazu wird eine Transformationsmatrix $\mathbf{P}$, eine quadratische Matrix, und ein zeitabhängiger Vektor $\mathbf{X}(t)$ der Ordnung n definiert, dessen Komponenten generalisierten Verschiebungen sind.

Damit ergibt sich aus (3.149) mit den zeitlichen Ableitungen von (3.159) für die generalisierten Geschwindigkeiten, bzw. Beschleunigungen

$$(6.12): \quad \dot{\mathbf{U}}(t) = \mathbf{P}\,\dot{\mathbf{X}}(t),$$

$$(6.13): \quad \ddot{\mathbf{U}}(t) = \mathbf{P}\,\ddot{\mathbf{X}}(t),$$

$$(6.14): \quad \mathbf{M}^*\,\ddot{\mathbf{X}}(t) + \mathbf{C}^*\,\dot{\mathbf{X}}(t) + \mathbf{K}^*\,\mathbf{X}(t) = \mathbf{F}^*(t).$$

Ziel dieser Transformation sind neue Steifigkeits-, Massen-Und Dämpfungsmatrizen $\mathbf{K}^*$, $\mathbf{M}^*$, $\mathbf{C}^*$ des Systems

$$(6.15): \quad \mathbf{M}^* = \mathbf{P}^T\mathbf{M}\,\mathbf{P},$$

$$(6.16): \quad \mathbf{C}^* = \mathbf{P}^T\mathbf{C}\,\mathbf{P},$$

$$(6.17): \quad \mathbf{K}^* = \mathbf{P}^T\mathbf{K}\,\mathbf{P},$$

$$(6.18): \quad \mathbf{F}^* = \mathbf{P}^T\mathbf{F}\,\mathbf{P},$$

deren Bandbreite kleiner als die des ursprünglichen Systems sind.

Theoretisch sind die verschiedensten Transformationsmatrizen $\mathbf{P}$ möglich. Praktisch effektiv ist eine Transformation mit den Verschiebungslösungen der Bewegungsgleichungen für die freie ungedämpfte Schwingung in Matrizenschreibweise

$$(6.19): \quad \mathbf{M}\ddot{\mathbf{U}} + \mathbf{K}\mathbf{U} = 0.$$

Diese Verschiebungslösungen lauten nun

$$(6.20): \quad \mathbf{U} = \boldsymbol{\Phi} \sin\omega(t - t_0),$$

mit dem Vektor $\boldsymbol{\Phi}$ der Ordnung n, der Zeitvariablen t und einer Zeit-konstante t_0. Deren zeitliche Ableitung lautet

$$(6.21): \quad \ddot{\mathbf{U}} = \omega^2 \boldsymbol{\Phi} \sin\omega(t - t_0),$$

So werden die Systemmatrizen zu Matrizen mit minimaler Bandbreite optimiert.

Die Lösung der Gleichung (6.19) liefert für das Eigenwertproblem n aufsteigende Eigenlösungen $(\omega_1^2\boldsymbol{\Phi}_1), (\omega_2^2\boldsymbol{\Phi}_2), ...,(\omega_n^2\boldsymbol{\Phi}_n)$ mit den Eigen-kreisfrequenzen $0 = \omega_1^2 \leq \omega_2^2 \leq ... \leq \omega_n^2$.

Diese Eigenlösungen sind **M**-orthogonal.

Die Multiplikation der Massenmatrix **M** dem Formvektor $\boldsymbol{\Phi}_{ii}$ der Ei-genform (Mode) i liefert

$$(6.22): \quad \boldsymbol{\Phi}_i^T \mathbf{M} \boldsymbol{\Phi}_i \quad \begin{cases} = 1 & \text{für} \quad i = j \\ = 0 & \text{für} \quad i \neq j \end{cases}$$

Sie werden zu 1 für gleichgerichtete Eigenformen (i=j) und verschwin-den für alle senkrecht aufeinander stehenden (i ≠ j).

Jede der n Verschiebungslösungen (3.168) für i=1, 2, ..., n ist erfüllt.
Mit dem Formvektor $\boldsymbol{\Phi}_i$, der Eigenform

$$(6.23): \quad \boldsymbol{\Phi}_i = [\Phi_1, \Phi_2, ..., \Phi_n],$$

und der Matrix Ω^2 der Eigenkreisfrequenzen

$$(6.24): \quad \Omega^2 = \begin{bmatrix} \omega_1^2 & & & \\ & \omega_2^2 & & \\ & & \cdots & \\ & & & \omega_n^2 \end{bmatrix}$$

ergibt sich aus (3.167)

$$(6.25): \quad \mathbf{K}\,\boldsymbol{\Phi} = \omega^2 \mathbf{M}\,\boldsymbol{\Phi}.$$

Mit den **M**-Orthogonalen Eigenvektoren ergibt sich

$$(6.26): \quad \boldsymbol{\Phi}^{\mathrm{T}}\,\mathbf{K}\,\boldsymbol{\Phi} = \Omega^2$$

und

$$(6.27): \quad \boldsymbol{\Phi}^{\mathrm{T}}\,\mathbf{M}\,\boldsymbol{\Phi} = 1.$$

Mit einem Verschiebungsansatz

$$(6.28): \quad \mathbf{U}(t) = \boldsymbol{\Phi}\,\mathbf{X}(t)$$

erhält man die Bewegungsgleichungen, die den modalen, generalisierten Verschiebungen entsprechen

$$(6.29): \quad \ddot{\mathbf{X}}(t) + \boldsymbol{\Phi}^{\mathrm{T}}\mathbf{C}\,\boldsymbol{\Phi}\,\dot{\mathbf{X}}(t) + \Omega^2\,\mathbf{X}(t) = \boldsymbol{\Phi}^{\mathrm{T}}\mathbf{F}(t).$$

Die Anfangsbedingungen für **X**(t) ergeben sich zu

$$(6.30): \quad {}^{0}\mathbf{X} = \mathbf{\Phi}^{T} \, \mathbf{M} \, {}^{0}\mathbf{U}$$

$$(6.31): \quad {}^{0}\dot{\mathbf{X}} = \mathbf{\Phi}^{T} \, \mathbf{M} \, {}^{0}\dot{\mathbf{U}}.$$

Die Bewegungsgleichungen ohne Berücksichtigung der Dämpfungs-matrix sind entkoppelt, wenn die Transformationsmatrix **P** die Formen der freien Eigenformen (3.170) des Systems haben. Mit diesem

Ansatz lassen sich auch die Bewegungsgleichungen unter einer dynamischen Belastung lösen.

Eine ähnliche Ableitung kann in vielen Fällen für die Bewegungsgleichungen mit Dämpfungsmatrix nicht durchgeführt werden. Daher müssen die Dämpfungseffekte näherungsweise erfasst werden. Es ist sinnvoll eine Dämpfungsmatrix zu verwenden, die alle erforderlichen Effekte der Dämpfung berücksichtigt und gleichzeitig eine effektive Lösung der Bewegungsgleichungen erlaubt.

Am einfachsten werden die Lösungen der Bewegungsgleichungen, wenn der Dämpfungseffekt ganz vernachlässigt werden kann.

6.4.2 Berechnung ohne Berücksichtigung der Dämpfung

Ohne die geschwindigkeitsabhängigen Dämpfungseffekte erhält man die Bewegungsgleichungen aus (3.177)

$$(6.32): \quad \ddot{\mathbf{X}}(t) + \Omega^{2} \, \mathbf{X}(t) = \mathbf{\Phi}^{T}\mathbf{F}(t).$$

oder n einzelne Gleichungen der Form

$$(6.33): \quad \ddot{x}_i(t) + \omega_i^2\, x_i(t) = f_i(t) \quad \text{für } i = 1, 2, \ldots, n$$

mit dem Lastvektor

$$(6.34): \quad f_i(t) = \mathbf{\Phi}^T \mathbf{F}(t) \quad \text{für } i = 1, 2, \ldots, n$$

Diese Gleichung i entspricht der Bewegungsgleichung eines Einmassenschwingers (3.4), also einem System mit einem einzigen Freiheitsgrad und einer auf 1 normierten Masse und der normierten Steifigkeit ω_i^2.

Die Anfangsbedingungen ergeben sich zu

$$(6.35): \quad x_i\big|_t = \mathbf{\Phi}^T \mathbf{M}\, {}^0\mathbf{U} = 0,$$

$$(6.36): \quad \dot{x}_i\big|_t = \mathbf{\Phi}^T \mathbf{M}\, {}^0\dot{\mathbf{U}} = 0.$$

Die Gleichung ist aus Kapitel 3.1 bekannt.

Um eine vollständige Lösung, die Systemantwort, zu erhalten, müssen die Lösungen aller n Gleichungen für i=1, 2, ..., n ermittelt werden. Die endgültigen Knotenverschiebungen erhält man dann durch das Überlagern, die sogenannte Superposition, der einzelnen Antworten jeder Mode zu

$$(6.37): \quad \mathbf{U}(t) = \sum_{i=1}^{n} \Phi_i\, x_i(t).$$

Die Berechnung der Lösungen durch die Modale Superposition erfordert also zunächst die Bestimmung der Eigenkreisfrequenzen und der Eigenformen, dann werden die n entkoppelten Bewegungsgleichungen gelöst und schließlich die n Systemantworten superponiert. Es muss nur noch entschieden werden, wie viele Eigenkreisfrequenzen benötigt werden, um eine genügend genaue Systemantwort zu erhalten.

6.4.3 Berücksichtigung der Dämpfung

Die Dämpfungseffekte dürfen in der Praxis nicht immer vernachlässigt werden. Diese Effekte verringern den dynamischen Lastfaktor, der sich durch die Vergrößerungsfunktion V_1 (Bild 3.15) beschreiben lässt, und schließen die Resonanz aus.

Die Systemantworten für Moden mit einem großen Verhältnis η der Erregerfrequenz zur Eigenkreisfrequenz sind vernachlässigbar klein. Die Lasten ändern sich so schnell, dass das System nicht mehr antworten kann. Andererseits stellt sich die statische Antwort ein, wenn η nahe Null ist. Die Lasten ändern sich dann so langsam, dass ihnen das System statisch folgt.

Deshalb wird eine Systemantwort mit mehreren hohen Eigenfrequenzen immer quasistatisch sein, wenn diese weit über der höchsten Erregerfrequenz liegen.

Die Bewegungsgleichungen sind entkoppelt, wenn die Dämpfung vernachlässigt wird. Um diesen Effekt auch bei der Mitnahme des Dämpfungsterms zu erzielen, wird die Dämpfungsmatrix nicht als Matrix aus den Elementdämpfungen erstellt, wie es bei der Massen-Und die Steifigkeitsmatrix üblich ist: Sie wird näherungsweise bestimmt, indem der gesamte Energieverlust in der Antwort berücksichtigt wird.

Für die Berechnung mit der Modalen Superposition ist es besonders effektiv, wenn die Dämpfung proportional der Eigenkreisfrequenz angenommen wird

$$(6.38): \quad \boldsymbol{\Phi}_i^T \mathbf{C}\, \boldsymbol{\Phi}_i = 2\, \omega_i\, \delta_i\, k_{ij}$$

mit dem modalen Dämpfungsmaß δ_{ii} und dem KRONECKERsymbol k_{ij}.

Unter der Annahme, dass die Eigenvektoren $\boldsymbol{\Phi}_i$ für $i = 1, 2, ... n$, ebenfalls **C**-Orthogonal sind, reduziert sich die Differentialgleichung wieder auf ein System von n Gleichungen

$$(6.39): \quad \ddot{x}_i(t) + 2\omega_i\delta_i\dot{x}_i(t) + \omega_i^2 x_i(t) = f_i(t).$$

Dies ist wieder die Differentialgleichung für die Bewegung eines Einmassenschwingers, deren Lösungen aus Kapitel 3.1 entwickelt wird.

Diese proportionale Dämpfungsannahme besagt, dass die gesamte Strukturdämpfung die Summe aller Einzeldämpfungen jeder Eigenform ist. Durch Messungen der Dämpfung in einer einzelnen Eigenform kann das Dämpfungsverhalten einer Gesamtstruktur näherungsweise erfasst und so einen experimentellen Vergleichswert zur dynamischen Berechnung ergeben.

Hier können Sie eine kostenlose Strategie-Session buchen oder schreiben Sie mir, wenn Ihnen dieses Buch gefällt und Sie Anregungen oder Fragen haben.

Hier kommen Sie zum kostenlosen [Bonusmaterial zum Buch](#).

Besuchen Sie auch meinen Blog „[Selbstführung & Produktivität](#)". Ich helfe Ihnen, bessere Ergebnisse zu erzielen.

7 BERECHNUNGSBEISPIELE

7.1 Berechnung eines Balkens mit dynamischer Belastung

Für den skizzierten, eingespannten Balken wird eine Finite-Elemente-Berechnung zur dynamischen Analyse durchgeführt (Bild 7.1). Zu den Abmessungen und dem Elastizitätsmodul E_{Stahl} muss jetzt auch noch die Dichte ρ des Werkstoffs angegeben werden.

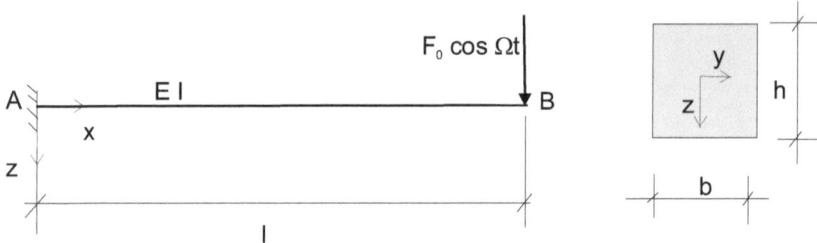

Bild 7.1 Einseitig eingespannter, massebehafteter Balken; l=3 m; h=b=100 mm; $E_{Stahl} = 2{,}1 \; 10^5 \; \dfrac{N}{mm^2}$; $\rho = 7{,}8 \; 10^{-6} \; \dfrac{kg}{mm^3}$; **Kraft F_0 als Cosinusfunktion mit der Erregerfrequenz $\Omega = 5 \, Hz$; Amplitude 1 N**

Gesucht ist die dynamische Antwort des Balkens unter dieser Belastung.

Die Eigenformen und Eigenkreisfrequenzen aus Kapitel 6.3 werden für die Berechnung mit Hilfe der Modalen Superposition benutzt. In Bild 7.2 wird die Auslenkung des Kragarms zur Zeit t=2 s dargestellt. Es ist deutlich sichtbar, dass die 1. Eigenform die Verformung im Wesentlichen bestimmt.

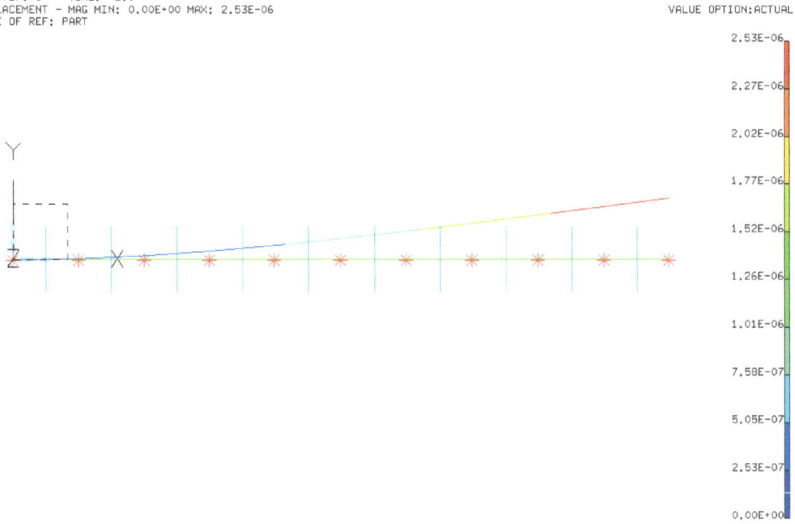

RESULTS: 8-DYN EXC.1,T-STEP=5, DISPLACEMENT_8
TIMESTEP: 5   TIME: 2.0
DISPLACEMENT - MAG MIN: 0.00E+00 MAX: 2.53E-06
DEFORMATION: 8-DYN EXC.1,T-STEP=5, DISPLACEMENT_8
TIMESTEP: 5   TIME: 2.0
DISPLACEMENT - MAG MIN: 0.00E+00 MAX: 2.53E-06
FRAME OF REF: PART

VALUE OPTION:ACTUAL

2.53E-06
2.27E-06
2.02E-06
1.77E-06
1.52E-06
1.26E-06
1.01E-06
7.58E-07
5.05E-07
2.53E-07
0.00E+00

Bild 7.2 Auslenkung des Kragarms zur Zeit t=2 s

Bild 7.3 zeigt die stark vereinfachte Belastungsfunktion über die Zeit.

In Bild 7.4 wird die Antwort des Lastangriffspunktes auf die cosinus-förmige Anregung dargestellt. Der Lastangriffspunkt läuft der Bewegung der Last hinterher, die cosinusförmige Anregung ist deutlich zu erkennen.

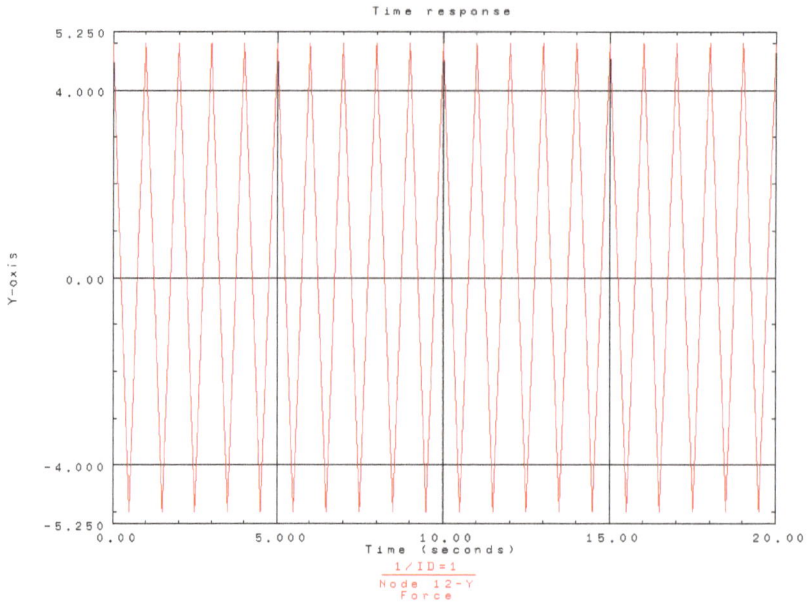

Bild 7.3 Stark vereinfacht modellierte Last- Zeit-Funktion

Entsprechend könnte für jeden Elementknoten des Balkens ein Verschiebungs- Zeit-Verlauf angegeben werden.

In den meisten praktischen Berechnungen ist man an den Maximalausschlägen und den dazugehörigen Schnittkräften bzw. Spannungen interessiert.

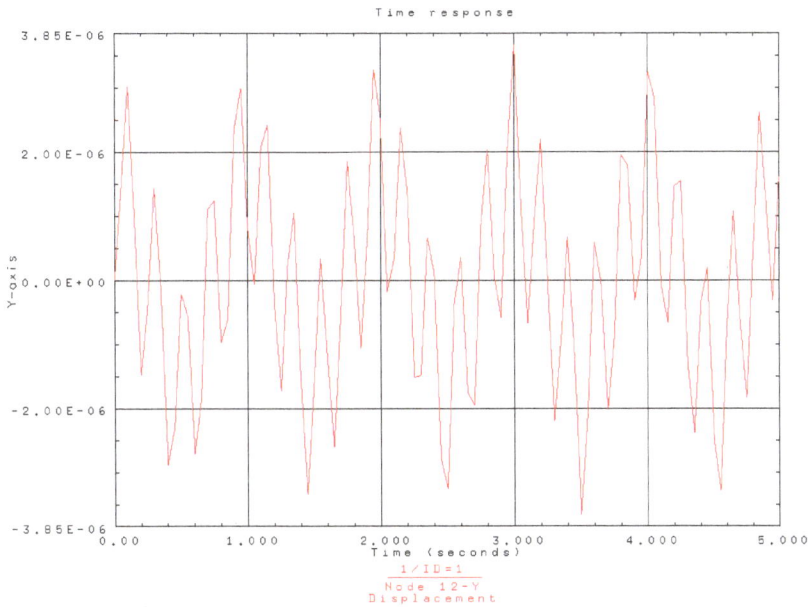

Bild 7.4 Antwort des Lastangriffspunktes auf die cosinusförmige Las-
terregung

6.6.1 Berechnung eines Balkens mit dynamischer Belastung

Für den skizzierten, eingespannten Balken wird eine Finite-Elemente-
Berechnung zur dynamischen Analyse durchgeführt (Bild 7.5). Zu den
Abmessungen und dem Elastizitätsmodul E_{Stahl} muss jetzt auch noch
die Dichte ρ des Werkstoffs angegeben werden.

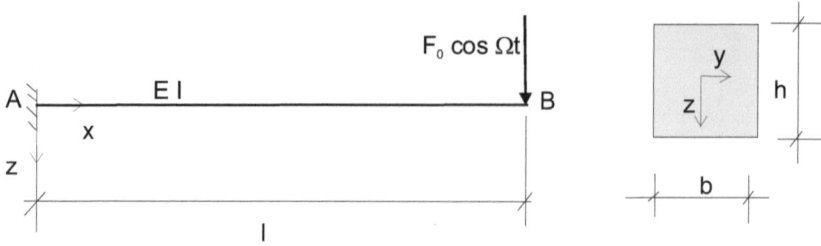

Bild 7.5 Einseitig eingespannter, massebehafteter Balken; l=3 m;

$h=b=100\,mm;\ E_{Stahl} = 2{,}1\ 10^5\ \dfrac{N}{mm^2}\ ;\ \rho = 7{,}8\ 10^{-6}\ \dfrac{kg}{mm^3}\ ;$ **Kraft F_0 als**

Cosinusfunktion mit der Erregerfrequenz $\Omega = 5\,Hz$; Amplitude 1 N

Gesucht ist die dynamische Antwort des Balkens unter dieser Belastung.

Die Eigenformen und Eigenkreisfrequenzen aus Kapitel 3 werden für die Berechnung mit Hilfe der Modalen Superposition benutzt. In Bild 7.6 wird die Auslenkung des Kragarms zur Zeit t=2 s dargestellt. Es ist deutlich sichtbar, dass die 1. Eigenform die Verformung im Wesentlichen bestimmt.

RESULTS: 8-DYN EXC.1,T-STEP=5, DISPLACEMENT_8
TIMESTEP: 5   TIME: 2.0
DISPLACEMENT - MAG MIN: 0.00E+00 MAX: 2.53E-06
DEFORMATION: 8-DYN EXC.1,T-STEP=5, DISPLACEMENT_8
TIMESTEP: 5   TIME: 2.0
DISPLACEMENT - MAG MIN: 0.00E+00 MAX: 2.53E-06
FRAME OF REF: PART

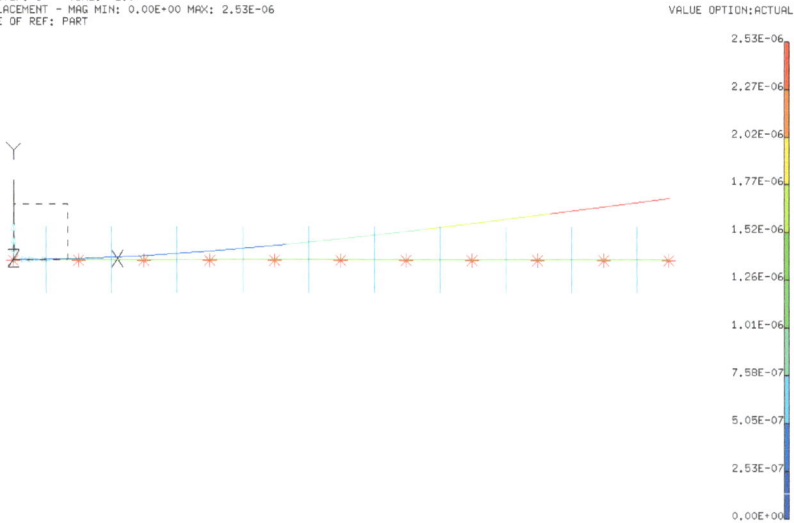

VALUE OPTION:ACTUAL

2.53E-06

2.27E-06

2.02E-06

1.77E-06

1.52E-06

1.26E-06

1.01E-06

7.58E-07

5.05E-07

2.53E-07

0.00E+00

Bild 7.6 Auslenkung des Kragarms zur Zeit t=2 s

Bild 7.7 zeigt die stark vereinfachte Belastungsfunktion über die Zeit.

In Bild 7.8 wird die Antwort des Lastangriffspunktes auf die cosinus-förmige Anregung dargestellt. Der Lastangriffspunkt läuft der Bewegung der Last hinterher, die cosinusförmige Anregung ist deutlich zu erkennen.

Entsprechend könnte für jeden Elementknoten des Balkens ein Verschiebungs-Zeit-Verlauf angegeben werden.

In den meisten praktischen Berechnungen ist man an den Maximalausschlägen und den dazugehörigen Schnittkräften bzw. Spannungen interessiert.

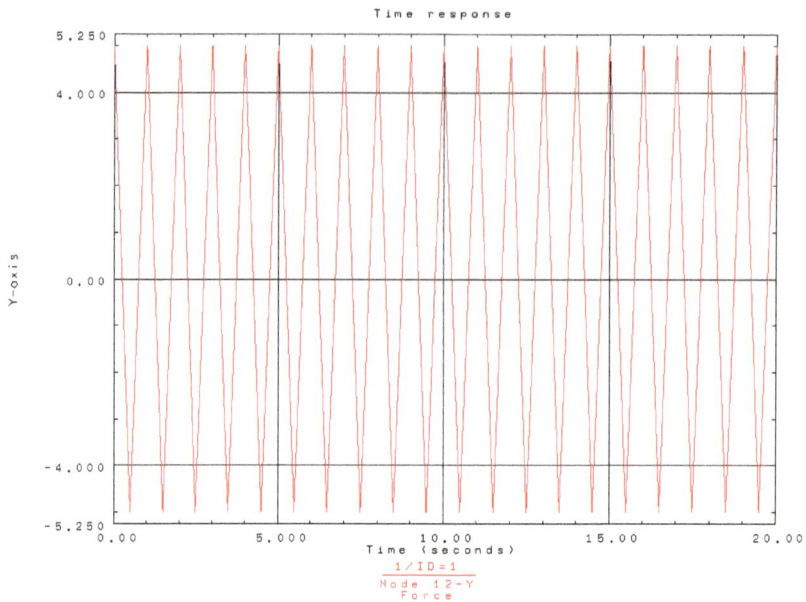

Bild 7.7 Stark vereinfacht modellierte Last-Zeit-Funktion

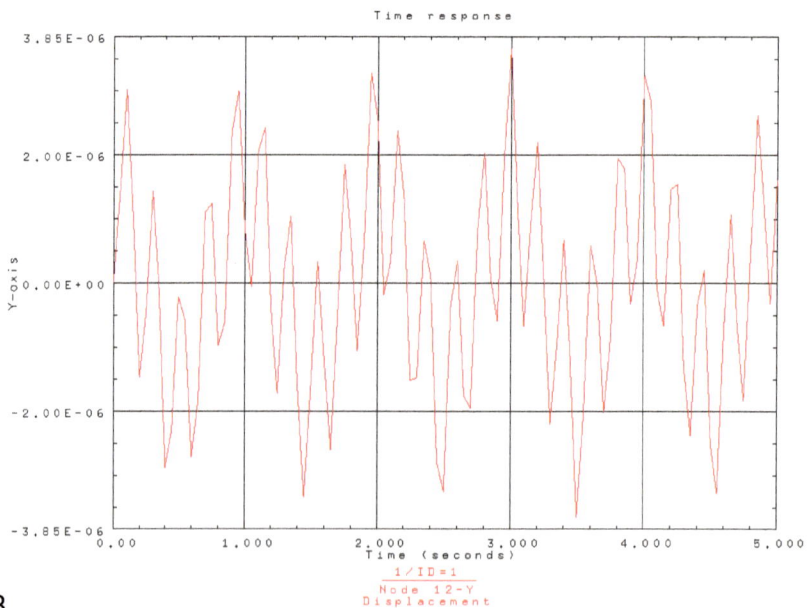

Bild 7.8 Antwort des Lastangriffspunktes auf die cosinusförmige Lasterregung

7.2 Berechnung eines Einmassenschwingers mit dynamischer Belastung

In Bild 7.9 ist Einmassenschwinger mit einer idealisierten Dehnfeder dargestellt. Die Ruhelage ist durch die sternförmigen Knoten definiert. Die maximale Auslenkung nach rechts ist durch die Verschiebung der Masse dargestellt.

```
DEFORMATION: 1- B.C. 1,MODE 1,DISPLACEMENT_1
MODE: 1          FREQ:  2.756644
DISPLACEMENT - MAG MIN: 0.00E+00 MAX: 1.00E+03
FRAME OF REF: PART
```

Bild 7.9 Einmassenschwinger mit einer idealisierten Dehnfeder

In Bild 7.10 wird die konstante Kraft als dynamische Belastung über die Zeit angegeben. Die Antwort des Systems ist in Bild 7.11 gezeigt. Der Knick in der Funktion, bzw. die Winkeländerung der Frequenz wird durch die Richtungsänderung der Bewegung bewirkt.

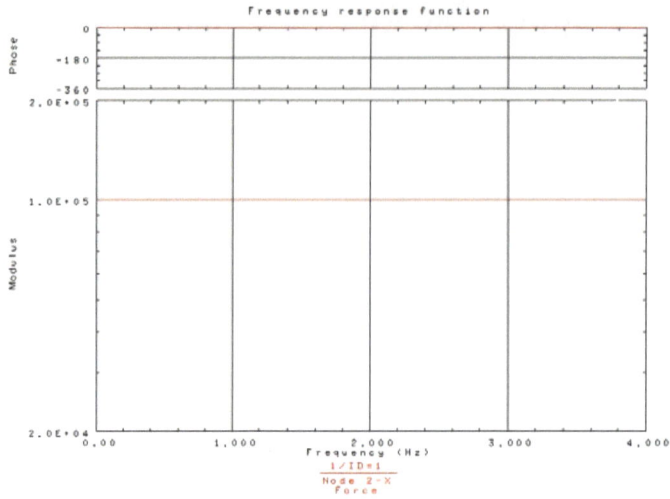

Bild 7.10 Darstellung der konstanten Kraft als dynamischen Belastung

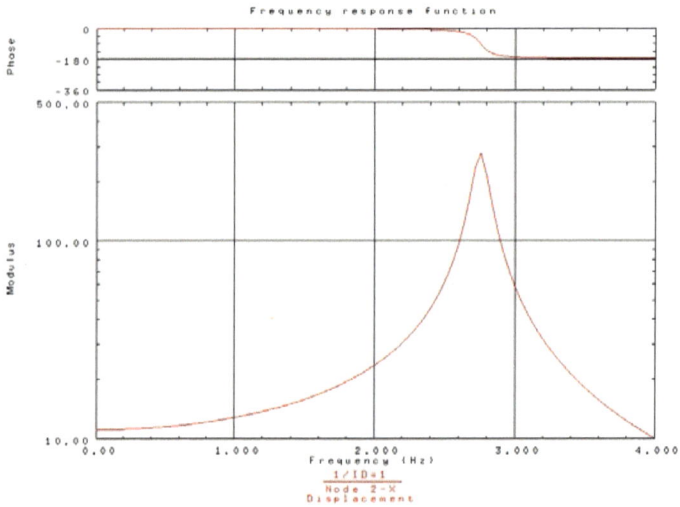

Bild 7.11 Antwort des Lastangriffspunktes über die Zeit

7.3 Berechnung der Eigenkreisfrequenzen

7.3.1 Berechnung der Eigenkreisfrequenzen eines massebehafteten Balkens

Für den skizzierten, eingespannten Balken wird eine Finite-Elemente-Berechnung zur Frequenzanalyse durchgeführt (Bild 7.12). Zu den Abmessungen und dem Elastizitätsmodul E_{Stahl} muss jetzt auch noch die Dichte ρ des Werkstoffs angegeben werden.

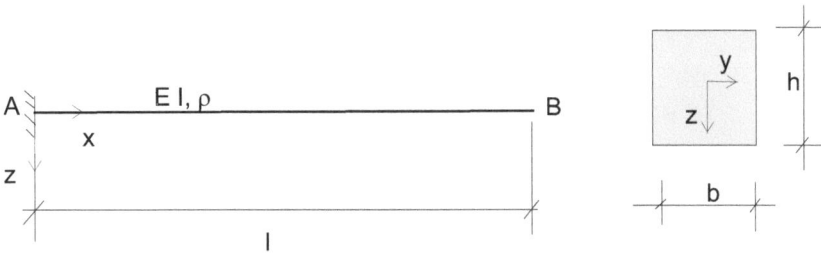

Bild 7. 12 Einseitig eingespannter, massebehafteter Balken; l=3 m;

$$h=100 \text{ mm; } b=100 \text{ mm; } E_{Stahl} = 2{,}1 \; 10^5 \; \frac{N}{mm^2}; \; \rho = 7{,}8 \; 10^{-6} \; \frac{kg}{mm^3}$$

Gesucht sind die Eigenfrequenzen und -formen des Balkens. Die numerische Lösung ist mit einer analytischen Methode zu überprüfen.

Der Balken wird mit 20 Balkenelementen mit dem quadratischen Querschnitt abgebildet (Bild 7.13).

In Bild 7.14 sieht man die ausgelenkte Eigenform für die erste Eigenfrequenz f_1=9,22 Hz. Diese entspricht der Form nach der Biegelinie des Kragarms. In Bild 7.15 ist die Eigenformen der zweite Eigenfrequenz f_2=57,49 Hz, die einen Schwingungsknoten hat, bzw. in Bild 7.16 die Eigenformen der 3. Eigenfrequenz f_3=159,67 Hz dargestellt, die zwei Knoten hat.

Ein Schwingungsknoten ist ein Ort des Systems, der bei der Schwingung in Ruhe bleibt. Dort ist die Geschwindigkeit null.

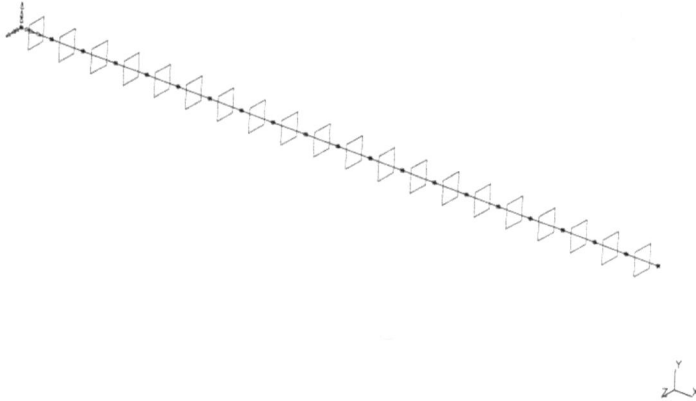

Bild 7.13 Approximation des eingespannten Balkens

Die 4. Eigenform für die 4. Eigenfrequenz f_4=245,31 Hz zeigt nur numerisch sehr kleine Auslenkungen (Bild 7.17), die um den Faktor 10^{-7} kleiner als im vorigen Bild sind. Diese Frequenz ist eine Torsionsfrequenz, deren Auslenkungen eine Verdrehung des Querschnitts ist.

In Bild 7.18 wird die 4. Eigenform für die Eigenfrequenz f_5=309,32 Hz dargestellt. Der Verformungsverlauf zeigt einen weiteren Schwingungsknoten.

DEFORMATION: 1- B.C. 1.MODE 1.DISPLACEMENT_1
MODE: 1   FREQ: 9.2220516
Displacement - MAG MIN: 0.00E+00 MAX: 1.00E-03
FRAME OF REF: PART

SVI

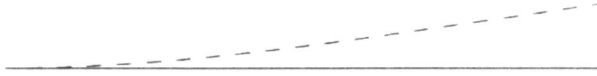

Bild 7.14 Erste Eigenform des eingespannten Balkens mit der Frequenz f_1=9,22 Hz

Bild 7.15 Zweite Eigenform des eingespannten Balkens mit der Frequenz f_2=57,49 Hz

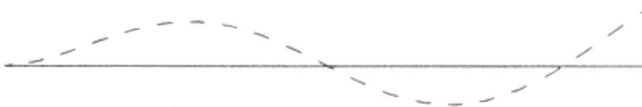

Bild 7.16 Dritte Eigenform des eingespannten Balkens mit der Frequenz f_3=159,67 Hz

Bild 7.17 Vierte Eigenform des eingespannten Balkens mit der Frequenz
f$_4$=245,31 Hz

In Bild 7.18 wird der Verformungsverlauf der sechste Eigenform für die Frequenz f$_6$=428,65 Hz dargestellt. Es ist eine Longitudinalschwingung in der Balkenachse.

Bild 7.17 Fünfte Eigenform des eingespannten Balkens mit der Frequenz f$_5$=309,32 Hz

Bild 7.18 Sechste Eigenform des eingespannten Balkens mit der Frequenz f$_6$=428,65 Hz

7.3.2 Berechnung der Eigenkreisfrequenzen eines masselosen Balkens mit Endmasse

Eine einfache analytische Berechnung eines Balkens (Bild 7.19) ist die Modellierung des Balkens als masselose Biegefeder mit einer konzentrierten Einzelmasse am Kragarmende.

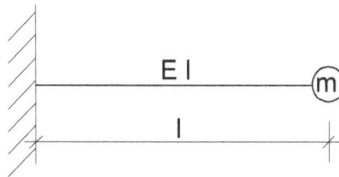

Bild 7.19 Masseloser Balken als Biegefeder modelliert mit konzentrier-ter Balkenmasse am Kragarmende

Die Approximation des Systems mit der Einzelmasse 234,6 kg am Kragarmende ist in Bild (7.20) dargestellt.

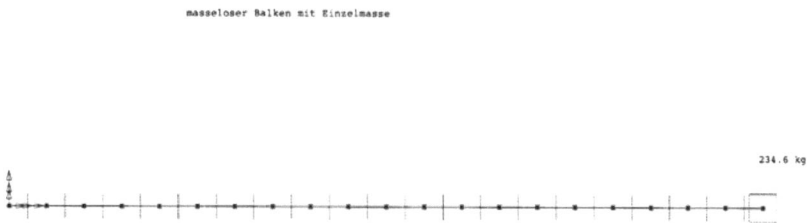

Bild 7.20 Einseitig eingespannter, masseloser Balken mit einer Einzel-masse m=234,6 kg am Kragarmende

Bild 7.21 zeigt die Eigenform der erste Eigenfrequenz f_1=4,55 Hz. Sie entspricht wieder der Biegelinie des Systems.

Die Eigenkreisfrequenz

$$(7.1) \quad \omega = \sqrt{\frac{3EI}{l^3 m}}$$

des Balkens lautet mit der konzentrierten Einzelmasse am Kragarmende. Sie ergibt sich aus der Gleichung für die Eigenkreisfrequenz ω des ungedämpften Einmassenschwingers mit der Steifigkeit der Biegefeder

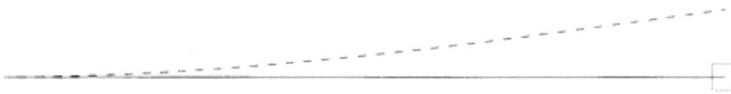

Bild 7.21 Erste Eigenform des eingespannten Balkens für die erste Eigenfrequenz f_1=4,55 Hz

Mit den gegebenen Größen ergibt sich das Flächenträgheitsmoment I_y des Querschnitts um die y-Achse zu

$$(7.2) \quad I_y = \frac{bh^3}{12} = \frac{100^3}{12}\,mm^4 = 8{,}33 \cdot 10^6 \, mm^4$$

Die konzentrierte Einzelmasse ist

$$(7.3) \quad m = \rho\,l\,b\,h = 7{,}8 \cdot 10^{-6}\ 3000\ 100\ 100\,mm^3 = 234\,kg.$$

Daraus ergibt sich die Eigenkreisfrequenz ω als Zahlenwert

$$(7.4) \quad \omega = \sqrt{\frac{3 \cdot 2{,}18{,}33 \cdot 10^{14}}{3000^3 \cdot 234}} \cdot \frac{1}{\text{sec}} = \sqrt{8{,}3062 \cdot 10^2 \cdot \frac{1}{\text{s}^2}}$$

$$= 28{,}82 \frac{1}{\text{sec}}$$

und damit die Frequenz

$$(7.5) \quad f = \frac{\omega}{2\pi} = 4{,}59 \, \text{Hz}.$$

Diese Frequenz bestätigt die numerische Berechnung mit der konzentrierten Einzelmasse am Kragarmende. Für den massebehafteten Balken ist die Einzelmasse am Kragarmende aber nicht die richtige Näherung. Die konzentrierte Masse liegt zwischen der Balkenmitte und dem Balkenende.

In einer zweiten Rechnung wird die Einzelmasse in Balkenmitte angenommen (Bild 7.22).

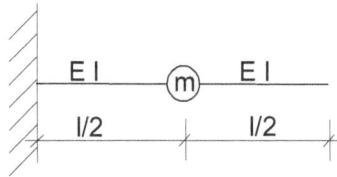

Bild 7.22 Die Balkenmasse wird in der Mitte des Balkens konzentriert, der Balken selbst ist masselos und hat die Biegefedersteifigkeit EI

Die Eigenkreisfrequenz des Balkens mit der konzentrierten Einzelmasse in Kragarmmitte ist

$$(7.6) \quad \omega = \sqrt{\frac{3\,E\,I}{\left(\dfrac{I}{2}\right)^3 m}}.$$

Daraus ergibt sich die Eigenkreisfrequenz ω als Zahlenwert

$$(7.7) \quad \omega = \sqrt{\frac{3\;2,18,33\;10^{14}}{1500^3\;234}\;\frac{1}{\text{sec}}} = \sqrt{66,4501\;10^2\;\frac{1}{s^2}}$$

$$= 81,51\frac{1}{\text{sec}}$$

und damit die Frequenz

$$(7.8) \quad f = \frac{\omega}{2\pi} = 12,97\,\text{Hz}.$$

Diese Frequenz ist etwas zu groß. Das heißt, die obige Annahme, dass die konzentrierte Masse weder am Kragarmende noch in Kragarmmitte liegt, ist richtig. Als Kontrolle für die erste Eigenfrequenz reicht diese Rechnung aus.

7.3.3 Andere Lösungsmethoden

Die Modale Superposition ist eines der wichtigsten Lösungsverfahren in der Dynamik. Viele Finite-Elemente-Programme basieren auf dieser Methode. Es gibt aber noch andere Methoden, die hier der Vollständigkeit halber angesprochen werden sollen. In Kapitel 6 werden weitere Verfahren erläutert, zum Beispiel die Direktintegrationsmethode und die Zentrale Differenzenmethode. Dort wird die Modale Superposition noch einmal allgemein in Matrizenschreibweise aufbereitet, wie sie in den Programmen benutzt wird.

Ein weiteres Verfahren zur Untersuchung von Bauteilen ist die Response Spektren Methode.

Aus einem gemessenen Beschleunigungs- Zeit-Verlauf wird ein Response Spektrum erstellt, indem der Fußpunkt eines Einmassenschwingers mit diesem Verlauf angeregt wird (Bild 7.23). Die daraus resultierenden Maximalwerte der Antworten aus Verschiebungen, Geschwindigkeiten und Beschleunigungen werden über verschiedene Frequenzen des Einmassenschwingers aufgetragen.

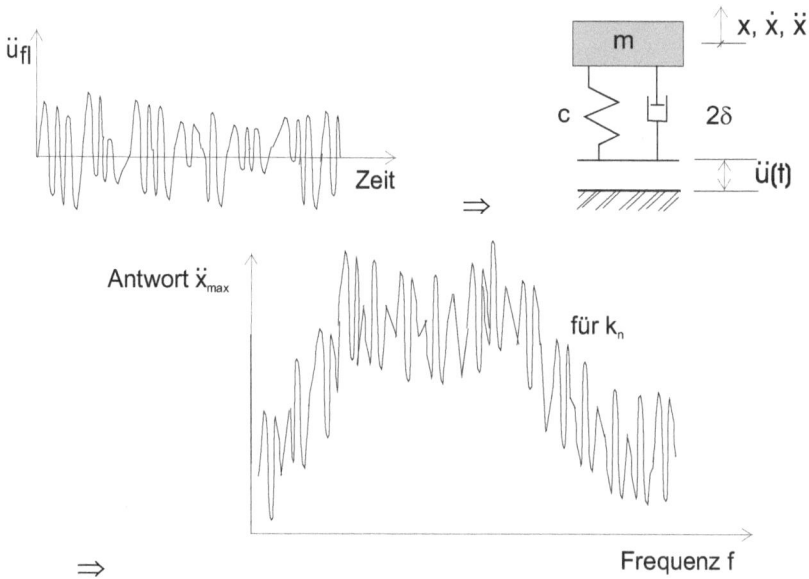

Bild **7.23** Erzeugung eines Response Spektrums ($f \approx \sqrt{\dfrac{c}{m}}$)

Durch die Überlagerung verschiedener solcher Response Spektren, das Bilden einer Umhüllenden (Enveloping) und dem Verbreitern (Broadening) der Bereiche erhält man schließlich ein Design Response Spektrum, das zur Dimensionierung von Strukturen dient (Bild 7.24).

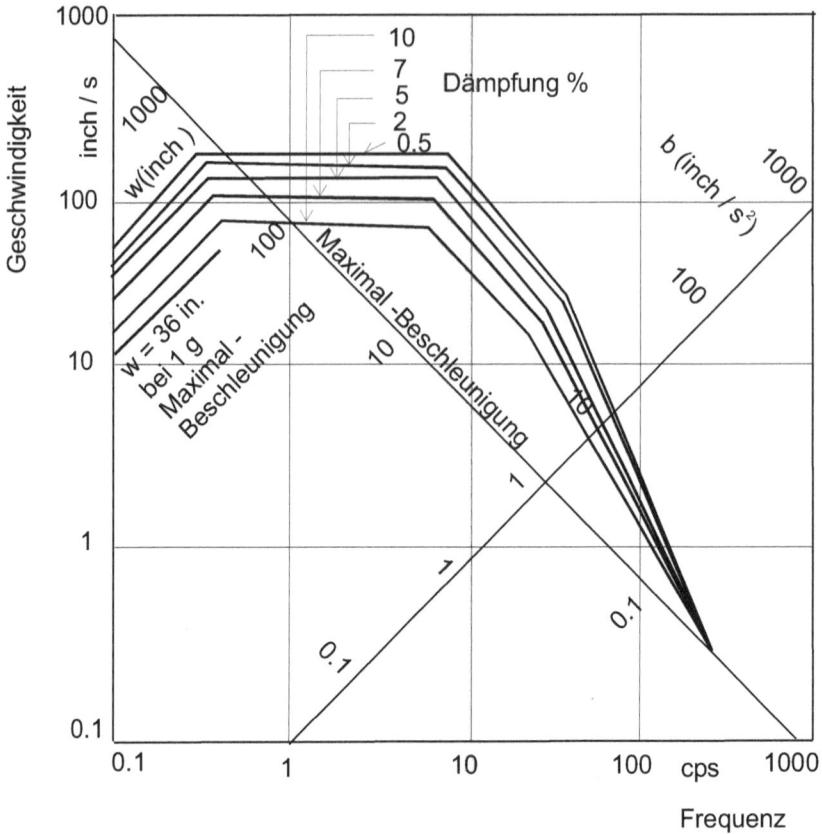

Bild 7.24 Design Response Spektrum

Im Design Response Spektrum werden die Maximalwerte der Ver-
schiebungen (um ca. 45^0 geneigte Achse), der Geschwindigkeiten
(vertikale Achse) und der Beschleunigungen (um ca.- 45^0 geneigte
Achse) logarithmisch über der Frequenz dargestellt. In diesem Design
Response Spektrum können für eine ausgezeichnete Frequenz der
Struktur die Maximalwerte dieser Größen abgelesen werden.

Eine ausgezeichnete Frequenz ist diejenige Frequenz, die das Bauteil
dynamisch charakterisiert. Diese Methode funktioniert sehr gut für
Bauwerke bei niederfrequenten Belastungen, wie zum Beispiel eine
Erdbebenbelastung. Für hochfrequente Belastungen, bei der viele

Frequenzen an der Antwort beteiligt sind, ist diese Methode nicht geeignet.

7.4 Berechnung der Eigenkreisfrequenzen eines Beschleunigungssensors

In der Mikromechanik werden die Mikrosensoren ebenfalls mit Hilfe der Finite-Elemente-Methode untersucht. Für einen Beschleunigungssensor (Bild 7.25) müssen die Eigenkreisfrequenzen berechnet werden, damit man sie gezielt zur Erkennung von Beschleunigungssignalen einsetzen kann.

Dieser Beschleunigungssensor wird aus einem Wafer herausgeätzt. Das ist eine kreisförmige Scheibe aus Silizium. Dazu werden dieselben phototechnischen Prozesse eingesetzt, wie sie zur Herstellung von integrierten Schaltungen (IC) bekannt sind.

Im Grunde würde eine paddelartige Struktur mit einer Biegefeder ausreichen, um die Beschleunigungen zu messen. Um aber die Querschwingungen auszuschalten, benötigt man zwei oder mehr Biegefedern, auf denen piezoresistive Widerstände aufgebracht werden. Diese Widerstandswerte werden mit Hilfe der Elektronik gemessen und der mechanischen Spannung gegenübergestellt.

Durch die großen Steifigkeitsunterschiede, aber auch durch die unterschiedlichen Materialien wird der Sensor in verschiedene Netze unterteilt. Die Biegefedern haben die Dicke $2\,\mu m$ (links, rosa). Im Bereich der piezoresistiven Widerstände wird sehr genau elementiert, um genaue Spannungsaussagen zu erhalten. Der Bereich der paddelförmigen Masse stellt die Einzelmasse dar. Der Übergangsbereich (rechts, dunkelrot) ist für die Ergebnisse nicht relevant und dient nur zur Übertragung der Steifigkeit des Bereichs. Die Masse hat die Waferdicke

20 µm (dunkelblau), die noch zusätzlich mit Gold belegt wird (außen, hellblau), um die Gesamtmasse zu erhöhen.

Bild 7.26 bis Bild 7.34 zeigen die Eigenformen der verschiedenen Frequenzen des Systems. In Bild 7.26 ist die erste Eigenform dargestellt, die der statischen Auslenkung des Systems entspricht.

Auch in Bild 7.27 spiegelt sich das Ergebnis für den Kragträger im vorigen Kapitel wieder. Die Biegefedern verformen sich analog der zweiten Eigenform des Kragarms. Die Masse erfährt im Wesentlichen Starrkörperverformungen.

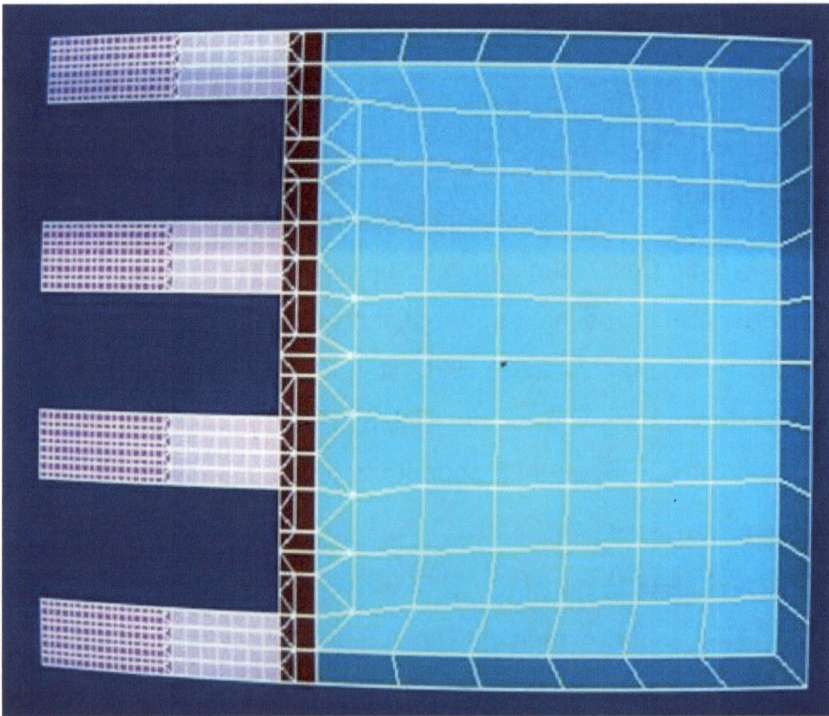

Bild 7.25 Vernetzung des Beschleunigungssensors; die unterschiedlichen Netze sind farbig angelegt

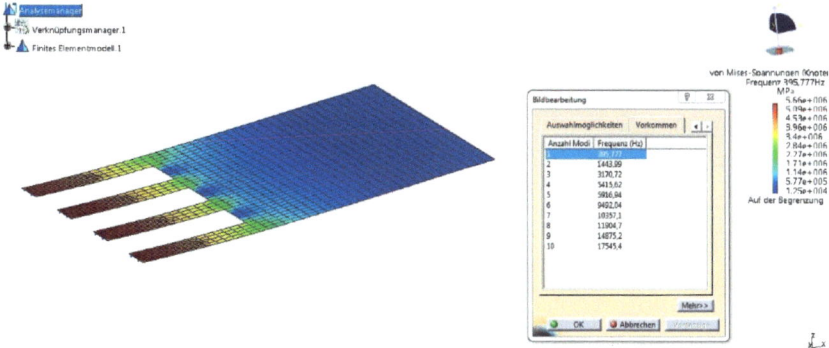

Bild 7.26 Erste Eigenform des Sensors für die erste Eigenfrequenz

In Bild 7.29 ist die dritte Eigenform dargestellt. Hier schwingt die Masse und verformt sich ebenfalls.

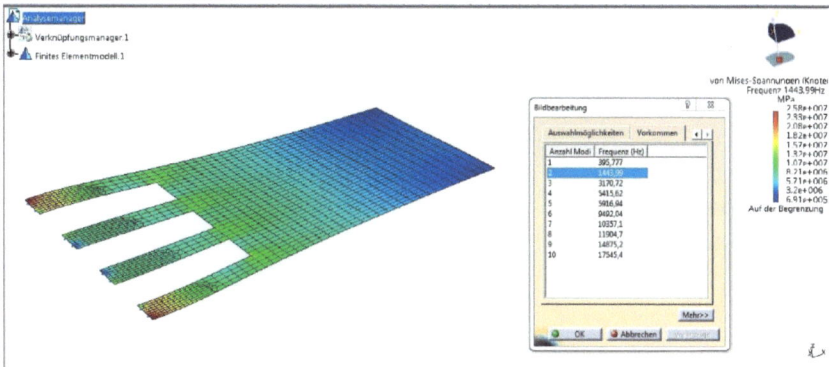

Bild 7.27 Zweite Eigenform des Sensors für die zweite Eigenfrequenz

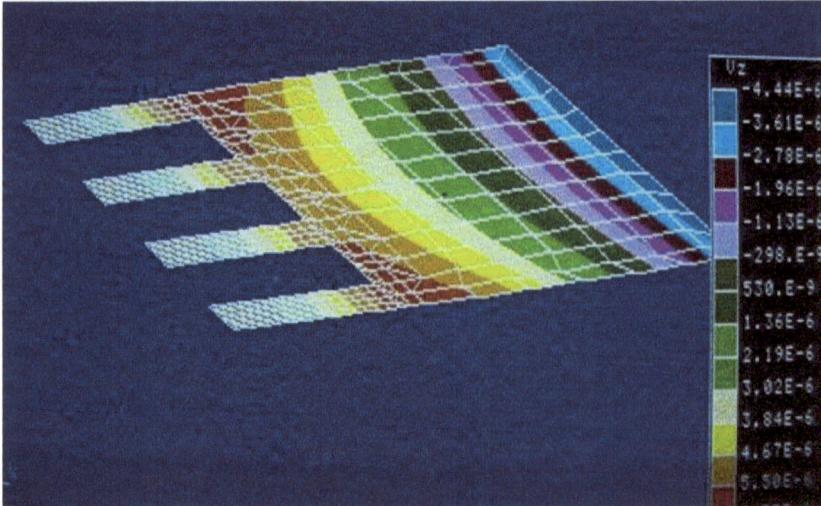

Bild 7.28 Verschiebung u_z des Sensors für die zweite Eigenfrequenz

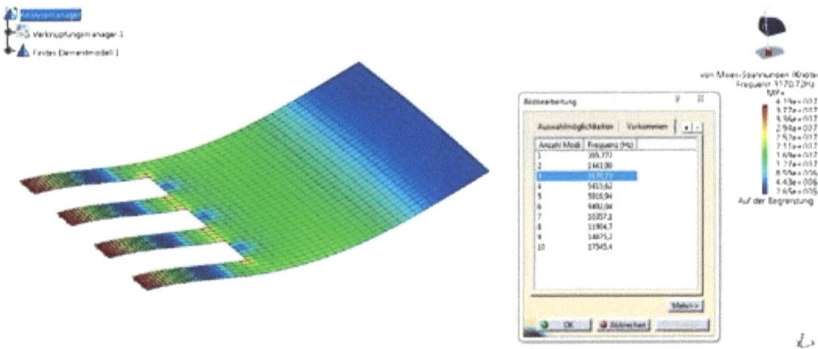

Bild 7.29 Dritte Eigenform des Sensors für die dritte Eigenfrequenz

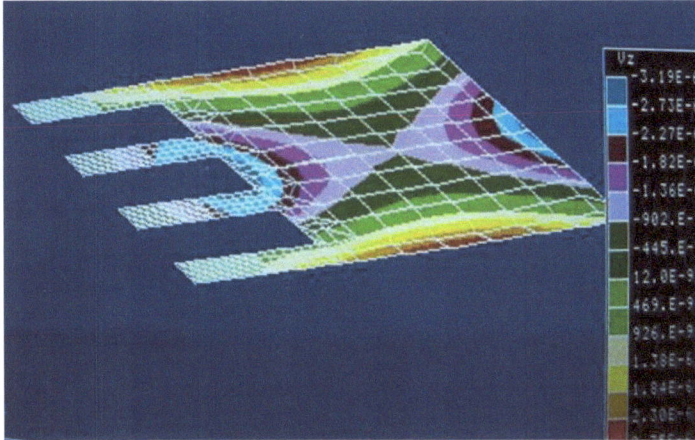

Bild 7.30 Verschiebung u_z des Sensors für die dritte Eigenfrequenz

Dasselbe gilt für die vierte und fünfte Eigenform (Bild 7.31 und Bild 7.33). Es handelt sich um symmetrische Schwingungsformen, die im Bereich der Biegefedern auch gegenläufige Schwingungen erzeugen.

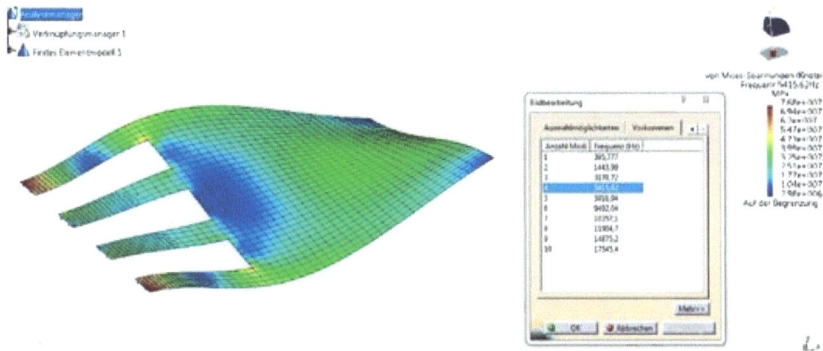

Bild 7.31 Vierte Eigenform des Sensors für die vierte Eigenfrequenz

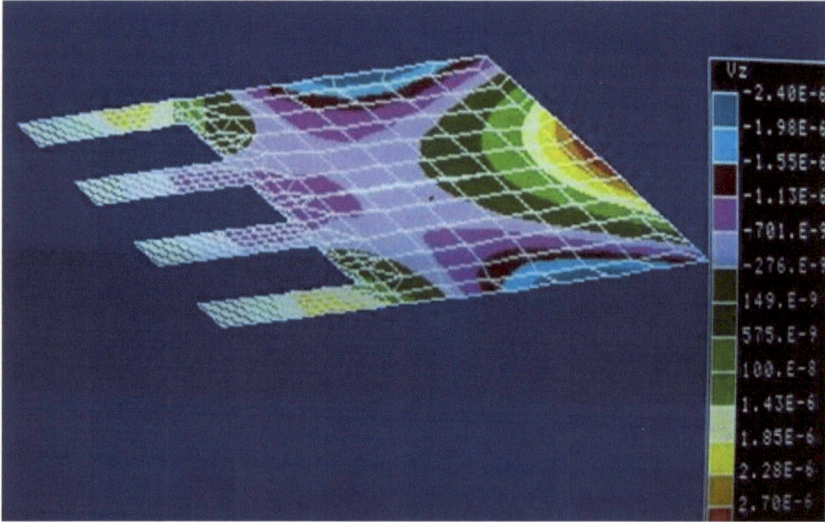

Bild 7.32 Verschiebung u$_z$ des Sensors für die vierte Eigenfrequenz

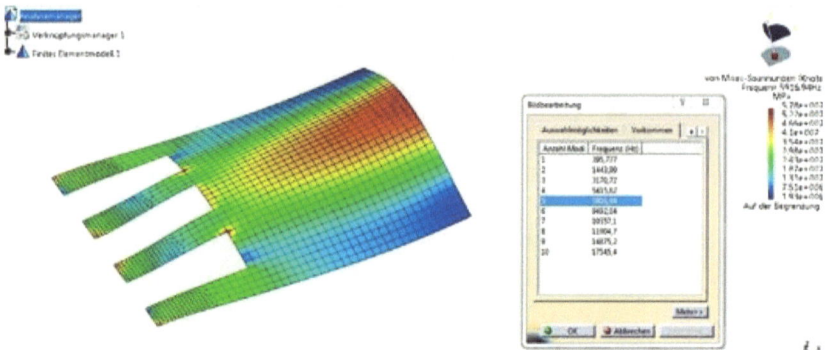

Bild 7.33 Fünfte Eigenform des Sensors für die fünfte Eigenfrequenz

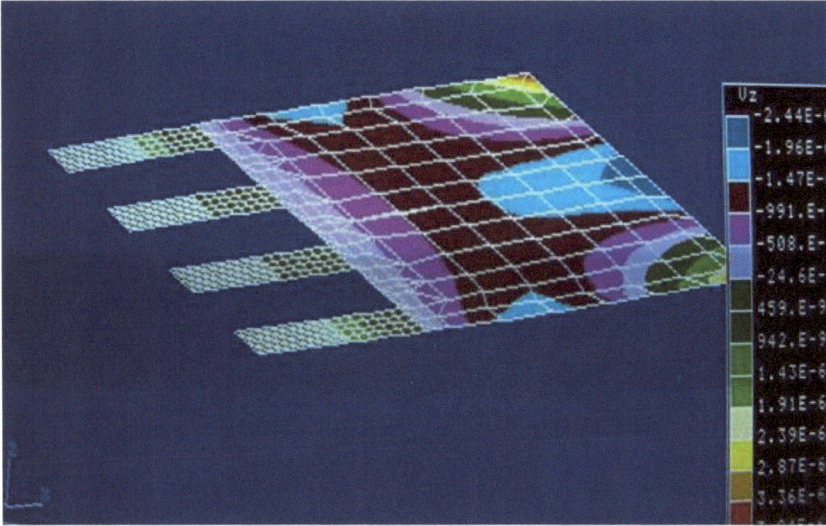

Bild 7.34 Verschiebung u$_z$ des Sensors für die fünfte Eigenfrequenz

Hier können Sie eine kostenlose Strategie-Session buchen oder schreiben Sie mir, wenn Ihnen dieses Buch gefällt und Sie Anregungen oder Fragen haben.

Hier kommen Sie zum kostenlosen Bonusmaterial zum Buch.

Besuchen Sie auch meinen Blog „Selbstführung & Produktivität". Ich helfe Ihnen, bessere Ergebnisse zu erzielen.

8 ERGEBNISBEURTEILUNG BEI EINER DYNAMISCHEN BERECHNUNG

Bei dynamischen Berechnungen können sogenannte dynamische Effekte entstehen. Diese Berechnungen verhalten sich dann völlig anders als statische Berechnungen. Analytische Näherungslösungen liegen wegen der Komplexität der Probleme ebenfalls selten vor. Deshalb müssen hier noch konsequenter als in der Statik sorgfältige Kontrollen durchgeführt werden.

8.1 Numerische Grenzbetrachtungen

Mit numerischen Grenzbetrachtungen kann man die Ergebnisse überprüfen. Zwischen den jeweiligen Grenzen muss die tatsächliche Lösung liegen. Maßgebliche Werte, wie zum Beispiel Steifigkeiten, Kräfte, Temperaturen werden numerisch sehr klein oder sehr groß gegenüber dem Berechnungswert gesetzt und die Änderung der Ergebnisse analysiert. Dabei muss beachtet werden, dass die Werte, die bei einer analytischen Grenzbetrachtung gegen unendlich oder Null gehen, in der Numerik unbrauchbar sind, weil sie zu numerischen Instabilitäten führen. In der Numerik bedeutet sehr klein oder sehr groß wieder der Faktor 100 oder 1000.

Zum Beispiel kann man durch relativ große Dämpfungsfaktoren das Schwingverhalten auf eine statische Auslenkung reduzieren.

8.2 Gleichgewichtskontrolle

Die Gleichgewichtskontrolle muss für jede Berechnung erfolgen. Zum Beispiel müssen die Kräfte in Ersatzsystemen, die eingeführt werden, um das numerische Gleichgewicht zu halten, sehr klein gegenüber den sonstigen Kräften sein, sonst stimmt die Approximation des Systems nicht. Falls das Programm automatisch zusätzliche Randbedingungen eingeführt hat, müssen die Werte dort ebenfalls gegen Null gehen. Besser ist es allerdings, das System nach einem Probelauf korrekt zu fixieren, damit dieser Fall gar nicht auftritt.

8.3 Plausibilitätsbetrachtungen

Die Frage: "Ist das Ergebnis sinnvoll, ist es überhaupt möglich?" muss grundsätzlich bei jeder Berechnung gestellt werden. Erst die jahrelange Erfahrung ermöglicht fehlerfreie numerische Ergebnisse.

8.4 Analytische Lösungen

Immer wenn analytische Lösungen, auch Näherungslösungen mit wesentlich einfacheren Modellen (siehe Kapitel 3.3) möglich sind, sollten diese zur Kontrolle herangezogen werden.

8.5 Vergleich von Spannungen an ungestörten Stellen

Um den Vergleich an ungestörten Stellen zu ermöglichen, kann fast jedes System durch ein ganz grobes, globales Ersatzsystem für eine solche Untersuchung dargestellt werden. Wenn nötig, kann dieses System auch numerisch berechnet werden. Der Vergleich mit solchen Werten liefert manchmal wichtige Anhaltswerte, die die Diskussion der Ergebnisse komplexer Systeme verständlicher machen.

8.6 Vergleich mit Versuchsergebnissen

Wenn Versuchsergebnisse vorliegen, sollten diese unbedingt mit in die Kontrolle einbezogen werden. Fotos, Diagramme etc. liefern dazu gutes Anschauungsmaterial, was in der Realität wirklich passiert.

Durch die Analyse der Bruchstelle kann man aber häufig erkennen, welche Beanspruchung wesentlich zum Bruch beigetragen hat.

Hier können Sie eine kostenlose Strategie-Session buchen oder schreiben Sie mir, wenn Ihnen dieses Buch gefällt und Sie Anregungen oder Fragen haben.

Hier kommen Sie zum kostenlosen Bonusmaterial zum Buch.

Besuchen Sie auch meinen Blog „Selbstführung & Produktivität". Ich helfe Ihnen, bessere Ergebnisse zu erzielen.

9 BEISPIELE AUS DER PRAXIS

9.1 Berechnung der Eigenfrequenzen und Eigenformen einer Resonanzkokille einer Stranggießanlage

Beschreibung der Aufgabenstellung/ Zielsetzung

Für eine Resonanzkokille im Einsatz in der Hüttentechnik wird das dynamische Verhalten untersucht. Dazu werden die ersten vier Eigenfrequenzen und deren Eigenformen ermittelt. Gesucht sind alle Eigenfrequenzen unter 40 Hz und die dazugehörigen Eigenformen.

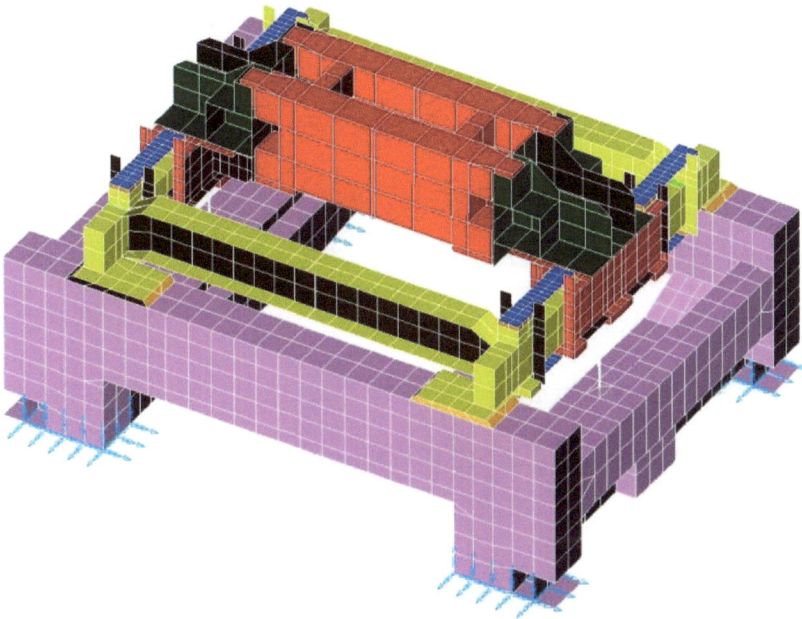

9. 1 Gesamtes Finite-Elemente-Modell

Beschreibung der Durchführung

Die Eigenfrequenzberechnung wird mit Hilfe der Finite-Elemente-Methode ermittelt. Dazu muss die Resonanzkokille als Finite-Elemente-Modell abgebildet werden.

Modellierung

Die Resonanzkokille wird mit Schalen-Und Volumenelementen abgebildet (Bild 9.1). Die Biegefedern (blau) und der Zylinder (weiß) werden mit Balkenelementen mit der entsprechenden Steifigkeit abgebildet.

Randbedingungen und Belastungen

An den unteren Außenkanten des Zwischenstands werden alle Punkte fest eingespannt.

Folgende Massen werden in der dynamischen Finite-Elemente-Analyse berücksichtigt:

Grundrahmen komplett (gelb) (1x): 8 900 kg

Kassettenaufnahme komplett (rot) (2x): je 1 500 kg

Biegefederpaket komplett (blau) (2x): je 800 kg

Kassettenhalter komplett (grün)(2x): je 1 500 kg

Wasserkasten incl. Wasser komplett (rot) (1x):   8 400 kg

Zwischenstand (lila) komplett: 29 000 kg

Elementarten

2-Knoten-Balkenelement BEAM

3-Knoten-Dreieckselement THIN-SHELL, parabolischer Ansatz

4-Knoten-Viereckselement THIN-SHELL, parabolischer Ansatz

8-Knoten-Volumenelement SOLID, parabolischer Ansatz

RIGID

Werkstoffe

Es wird ein isotropes, ideal-Elastisches Materialverhalten für Stahl vorausgesetzt (Elastizitätsmodul $E_{Stahl} = 2{,}1 \cdot 10^5 \, \frac{N}{mm^2}$; Dichte

$\rho = 7{,}8 \cdot 10^{-6} \, \frac{kg}{mm^3}$, Querdehnung $\nu = 0{,}29$).

Software/ Hardware

Für die Abbildung und die Berechnung der Eigenfrequenzen wird das Programm I-DEAS Master Series 6 unter Windows NT 4.0 verwendet.

Ergebnisse

Im oberen linken Bereich stehen die Programmdaten:

Ergebnisse des Normal Mode 1 (Eigenform der 1. Eigenfrequenz) unter Displacement 1 (normierte Verformung), Magnitude (Größe der maximalen Verschiebung)

Diese Eigenform ist auf die maximale Verschiebung normiert.

Bei einer dynamischen Berechnung werden die Eigenformen aller beteiligten Eigenfrequenzen anteilmäßig gewichtet und zur Gesamtverformung addiert.

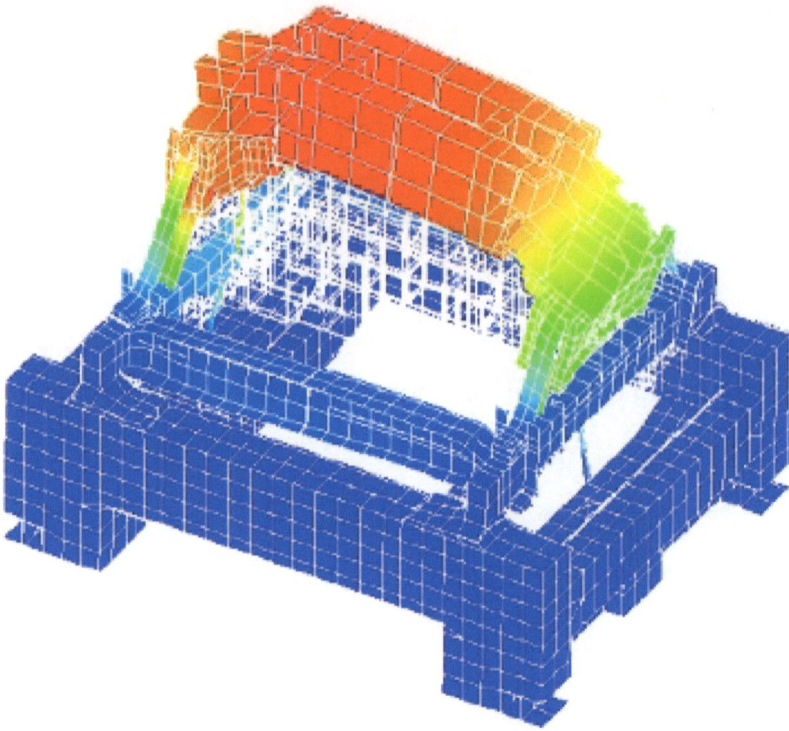

Bild 9.2 1.Eigenform für die Frequenz f_1= 23,95 Hz

Die 1. Eigenform für die Frequenz f_1= 23,95 Hz ist eine Biegefrequenz, die der statischen Auslenkung entspricht.

Die zweite Eigenfrequenz f_2=26,53 Hz schwingt quer zu den Biegefedern und taucht etwas.

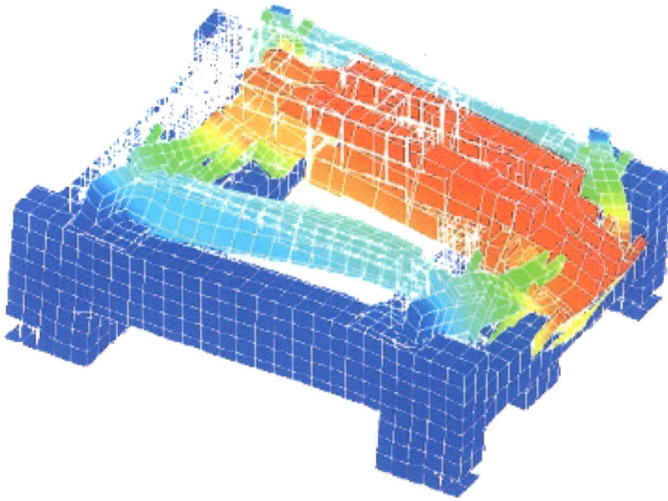

9.3 2.Eigenform für die Frequenz f_2= 26,53 Hz

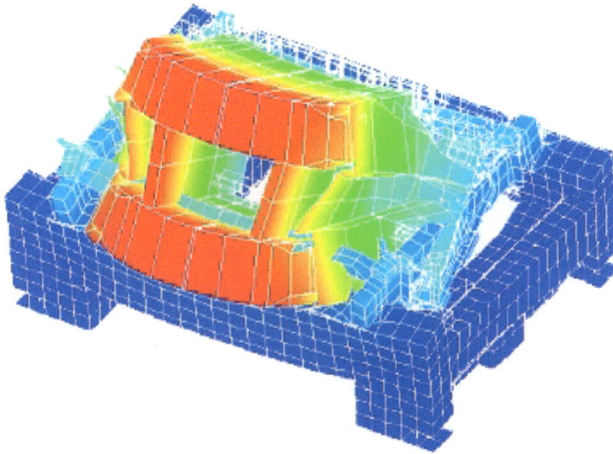

9.4 3.Eigenform für die Frequenz f_3= 31,24 Hz

In der dritten Eigenfrequenz f_3=31,24 Hz ist eine Torsionsfrequenz.

In der vierten Eigenfrequenz f_4=38,36 Hz ist eine Tauchfrequenz in Längsrichtung.

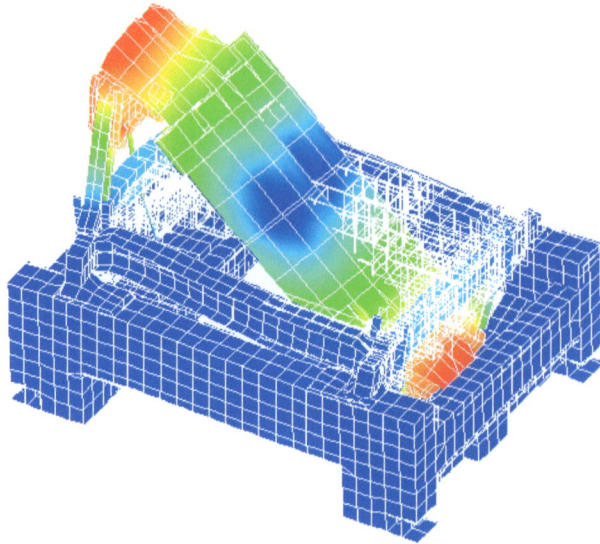

9.5 4.Eigenform für die Frequenz f_4= 38,36 Hz

Zusammenfassung

Die ersten zwei Eigenfrequenzen für die hydraulische Federsteifigkeit 60 kN/ mm liegen über 20 Hz.

Die erste Eigenfrequenz f_1=23,95 Hz ist eine Biegefrequenz, die der statischen Auslenkung entspricht.

Die zweite Eigenfrequenz f_2=26,53 Hz schwingt quer zu den Biegefedern und taucht etwas.

In der dritten Eigenfrequenz f_3=31,24 Hz ist eine Torsionsfrequenz.

In der vierten Eigenfrequenz f_4=38,36 Hz ist eine Tauchfrequenz in Längsrichtung.

9.2 Resonanzkatastrophe: Einsturz der Tacoma-Narrows-Brücke

(https://www.google.de/search?q=Resonanzkatastrophe:+Einsturz+der+Tacoma-Narrows-Br%C3%BCcke&tbm=isch&tbo=u&source=univ&sa=X&ved=2ahUKEwiO7fWeoqveAhXOKVAKHSq_DfYQsAR6BAgFEAE&biw=1528&bih=714)

Die Tacoma-Brücke überspannte eine Meeresenge bei der Stadt Tacoma im Bundesstaat Washington der USA. Bald nach der Eröffnung beobachtete man schon bei leichtem Wind ein Vibrieren. Die Leute nannten sie daher "Galloping Gertie". Am 7. November 1940 begann der Mittelteil der Brücke bei nicht allzu starkem Wind zu schwingen.

Physikalischer Hintergrund

Bei einer Windgeschwindigkeit von 60 km/h führte der Mittelteil der Brücke Auf-und Abschwingungen mit einer Frequenz von 0,6 Hz und einer Schwingungsweite von 0,5 m aus. Dann setzte eine Drehschwingung mit einer Frequenz von 0,2 Hz ein. Zeitweise war der linke Gehweg 8,5 m höher als der rechte und umgekehrt. Der Wind hatte die Brücke zu Schwingungen in ihrer Eigenfrequenz angeregt.

Der gleichmäßige Wind verursachte immer stärkere Schwingungen und bewirkte so die Katastrophe.

Die Brücke danach wurde in gleicher Bauweise neu errichtet. Jedoch versteifte man die Konstruktion und änderte so die Eigenfrequenz. Normale Windstärken können ihr jetzt nichts mehr anhaben.

Eine Folge dieses Brückeneinsturzes war, dass heute alle Hängebrücken vor ihrem Bau als Modell im Windkanal getestet werden.

Man spricht von einer Resonanzkatastrophe, weil solche Schwingungen in der Eigenfrequenz auch durch Resonanz angeregt werden können, etwa durch im Gleichschritt laufende Menschen.

Am 1. Juli 1940 wurde bei Tacoma im US-Bundesstaat Washington eine neue Hängebrücke über dem Puget Sound eröffnet, die nur wenige Monate später traurige Berühmtheit erlangen sollte.

Nach ihrer Fertigstellung war die Tacoma Narrows Bridge mit einer Spannweite von 853 Metern immerhin die drittgrößte Hängebrücke der Welt. Nur die Golden Gate Bridge und die George Washington Bridge waren zu diesem Zeitpunkt länger. Wegen ihrer Schlankheit wirkte die Tacoma Narrows Bridge besonders elegant und man hielt sie allgemein für architektonisch gelungen. Doch nur vier Monate nach ihrer Verkehrsfreigabe sollte ihr gerade diese Schlankheit zum Verhängnis werden.

9.3 Lastspielberechnung aus Frequenz einer Struktur

Bestimmung der Schwingungszyklen eines Systems

gegeben: Frequenz f_1 = 45 Hz

gesucht: Bestimmung der Schwingungszyklen eines Systems

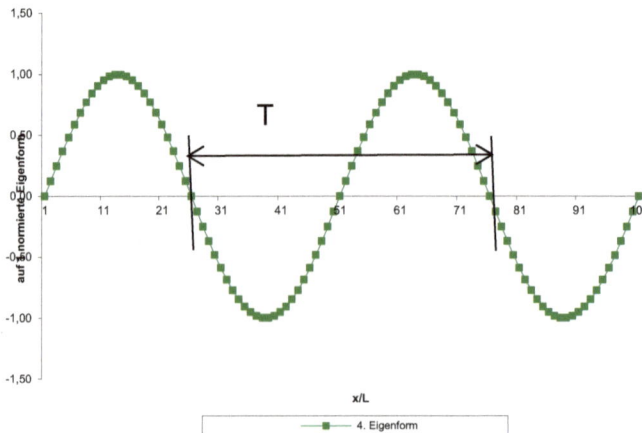

Bild 9.3 Schwingungsdauer T

LÖSUNG

Mit der Frequenz

$$(9.xx) \quad f = 45\,Hz = 45\,\frac{1}{sec},$$

ergibt sich die Schwingungsdauer von

$$(9.xx) \quad T = \frac{1}{f_1} = 0{,}02222\,sec$$

pro Lastwechsel.

Die Lebensdauer für 5 Jahre ergibt sich eine Gesamtzeit

$$(9.xx) \quad \begin{aligned} T_{ges} &= 5\,j = 5*365\,t = 5*365*24\,h \\ &= 5*365*24*60\,min \\ &= 5*365*24*60*60\,sec = 157680000\,sec. \end{aligned}$$

Damit ist die Anzahl der Schwingungszyklen

$$(9.xx) \quad N = \frac{T_{ges}}{T} = \frac{157680000}{0{,}02222} = 7096310000 = 7\cdot 10^9.$$

Für einen PKW, der für 15 Jahre Betriebsdauer bei einer Auslastung von 50% konstruiert wird, muss der Wert verdreifacht werden.

Oder die f ist eine Frequenz, die im System besonders angeregt wird, zum Beispiel durch einen Motor.

FEEDBACK

Danke für eine positive Bewertung

Wenn Ihnen das Buch gefallen hat, schicken Sie mir bitte eine positive Bewertung bei Amazon Kindle.

Anmerkungen, Fragen oder Kritik

Hier können Sie mir Ihre Anmerkungen, Fragen oder Kritik zum Buch „Numerische Dynamik" schicken.

Im Google-Formular können Sie mir direkt schreiben und eine Strategie-Session können sie hier buchen.

LITERATUR

Autor	Titel	Verlag	Jahr
Assmann/ Selke	Technische Mechanik I, II, III	Oldenbourg	2008
Bathe	Finite-Elemente-Methoden	Springer Heidelberg, Berlin	2001
Beitelschmidt/ Dresig	Maschinendynamik-Aufgaben und Beispiele		2015
Böge	Technische Mechanik	Vieweg	2015
Brommundt/ Sachau	Schwingungslehre mit Maschinendynamik		2014
Brommundt/ Sachs	Technische Mechanik	Springer-Lehrbuch	1998
Bronstein/ Semendjajew/ Musiol	Taschenbuch der Mathematik	Taschenbuch-Harri Deutsch, Frankfurt/ Main	2012
Dankert/ Dankert	Technische Mechanik: Statik, Festigkeitslehre, Kinematik/Kinetik	Vieweg+Teubner	2013
Dresig/ Holzweißig	Maschinendynamik		2014

Dresig/ Holzweißig	Maschinendynamik	Springer	2013
Dresing/ Rockhausen	Maschinendynamik	Fachbuchverlag Leipzig	2013
Fischer/ Stephan	Mechanische Schwingungen	Fachbuchverlag Leipzig	1993
Göldner/ Holzweissig	Leitfaden der Technische Mechanik	Fachbuchverlag Leipzig	1989
Göldner/ Witt	Technische Mechanik	Fachbuchverlag Leipzig-Köln	1993
Gross/ Ehlers	Dynamics – Formulas and Problems: Engineering Mechanics 3	Springer	2016
Gross/ Hauger/ Schröder/ Wall	Technische Mechanik I, II, II, IV	Springer -Verlag (Heidelberger Taschenbücher)	2015
Grote/ Feldhusen	Dubbel: Taschenbuch für den Maschinenbau		2014
Gummert/ Reckling	Mechanik	Vieweg	2013
Haug	Computer Aided Analysis and Optimization of Mechanical System Dynamics	Nato ASI Subseries F:	2014

Hauger/ Lippmann	Aufgaben zu Technischen Mechanik	Springer-Lehrbuch	2006
Herr	Technische Mechanik. Lehr- Und Aufgabenbuch: Statik, Dynamik, Festigkeitslehre	Europa-Lehrmittel	2008
Hibbeler	Technische Mechanik 1- 3	Pearson Studium (Taschenbuch)	2012
Hollburg	Maschinendynamik	Oldenbourg Lehrbücher für Ingenieure	2007
Holzmann/ Meyer/ Schum-pich/ Eller	Technische Mechanik	Vieweg+Teubner	2016
Irretier	Grundlagen der Schwin-gungstechnik 2	Vieweg Studium Technik	2001
Issler/ Ruoß/ Hä-fele	Festigkeitslehre-Grundlagen I, II	Springer	1997
Jäger/ Mastel	Technische Schwingungsleh-re: Grundlagen -Modellbildung -Anwendungen3		2013
Jürgler	Maschinendynamik	VDI-Buch	2003
Knaebel/ Jäger/ Mastel	Technische Schwingungsleh-re	Teubner	2013

Kühhorn/ Silber	Technische Mechanik für Ingenieure	Hüthig	2000
Kunow	Technische Mechanik I-III, Grundlagen und vollständig gerechnete Übungsaufgaben	http://www.kisp.de/buchshop/	2016
Kunow	Computer Aided Engineering (CAE)	http://www.kisp.de/buchshop/	2016
Mercier, Hugo / Ammann, Walter J./ Deischl, Florian/ Eisenmann, Josef, e. a.	Vibration Problems in Structures: Practical Guidelines (Englisch)	Taschenbuch Birkhäuser	2011
Selke/ Ziegler	Maschinendynamik (Skripte, Lehrbücher)		2009

SACHWÖRTERVERZEICHNIS

ANHANG: LISTE DER LINKS

Kostenlose Strategie-Session http://bit.ly/2FBysxb

Kontakt https://www.kisp.de/kontakt

Blog „Selbstführung & Produktivität" https://www.kisp.de/blog

Google-Formular https://forms.gle/yp9mW6UoocRYoYZ88

Hier kommen Sie zum kostenlosen Bonusmaterial zum Buch.

LISTE DER WARENZEICHEN

I – DEAS ist ein Produkt der SDRC, Milford, Ohio,USA.

TPS10 ist ein Produkt der TSE -GmbH, Reutlingen

MARC ist ein Produkt der MSC.Software GmbH, München.

MATLAB ist ein Produkt der MathWorks, Natick, Massachusetts, USA.

NX ist ein Produkt der Siemens PLM Software, München.

CATIA ist ein Produkt der CCG Systems Engineering GmbH & Co. KG, Osnabrück.

EXCEL ist ein Produkt der Microsoft Corporation, USA.

ÜBER DIE AUTORIN

Prof. Dr. Annette Kunow lehrte nach mehrjähriger Industrietätigkeit 31 Jahre an der Hochschule Bochum im Fachbereich Mechatronik und Maschinenbau.

Sie bietet u. a. Seminare und Vorlesungen zur Numerischen Dynamik, Höheren Mechanik und CAE an.
Zudem ist sie Gründerin und Geschäftsführerin der Firma KISP Prof. Kunow + Partner GbR.

Annette Kunow ist Autorin mehrerer Bücher.

Technische Mechanik Statik

Die Technische Mechanik ist eine Kernkompetenz eines jeden Ingenieurs. Ohne diese Kenntnisse können die physikalischen Eigenschaften von Systemen nicht erfasst werden.

Was Sie in diesem Buch lernen werden

- Mathematische Grundlagen

- Arbeitsbegriff der Statik

- Gleichgewicht

- Schnitt- und Reaktionskräfte

- Haftung und Reibung

- Raumstatik

Technische Mechanik Statik Übungen

Die Technische Mechanik ist eine Kernkompetenz eines jeden Ingenieurs. Ohne diese Kenntnisse können die physikalischen Eigenschaften von Systemen nicht erfasst werden.

Vollständig und mit möglichen Lösungsvarianten gelöste Übungsaufgaben

Was Sie in diesem Buch lernen werden

- o Mathematische Grundlagen

- o Arbeitsbegriff der Statik

- o Gleichgewicht

- o Schnitt- und Reaktionskräfte

- o Haftung und Reibung

- o Raumstatik

Technische Mechanik Elastostatik

Die Technische Mechanik ist eine Kernkompetenz eines jeden Ingenieurs. Ohne diese Kenntnisse können die physikalischen Eigenschaften von Systemen nicht erfasst werden.

Was Sie in diesem Buch lernen werden

- o Deformationen

- o Elastizitätsgesetz

- o Spannungen

- o Spannungszustände

- o Statische Bestimmtheit

- o Arbeitsbegriff der Elastostatik

Technische Mechanik Elastostatik Übungen

Die Technische Mechanik ist eine Kernkompetenz eines jeden Ingenieurs. Ohne diese Kenntnisse können die physikalischen Eigenschaften von Systemen nicht erfasst werden.

Vollständig und mit möglichen Lösungsvarianten gelöste Übungsaufgaben

Was Sie in diesem Buch lernen werden

- o   Deformationen

- o   Elastizitätsgesetz

- o   Spannungen

- o   Spannungszustände

- o   Statische Bestimmtheit

- o   Arbeitsbegriff der Elastostatik

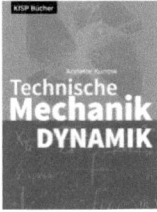

Technische Mechanik Dynamik

Die Technische Mechanik ist eine Kernkompetenz eines jeden Ingenieurs. Ohne diese Kenntnisse können die physikalischen Eigenschaften von Systemen nicht erfasst werden.

Was Sie in diesem Buch lernen werden

- o Kinematik

- o Kinetik des Massenpunktes

- o Kinetik des Massenpunktsystems

- o Kinetik des Starrkörpers

- o Ebene Bewegung

- o Schwingungen

Technische Mechanik Dynamik Übungen

Die Technische Mechanik ist eine Kernkompetenz eines jeden Ingenieurs. Ohne diese Kenntnisse können die physikalischen Eigenschaften von Systemen nicht erfasst werden.

Vollständig und mit möglichen Lösungsvarianten gelöste Übungsaufgaben

Was Sie in diesem Buch lernen werden

- o Kinematik

- o Kinetik des Massenpunktes

- o Kinetik des Massenpunktsystems

- o Kinetik des Starrkörpers

- o Ebene Bewegung

- o Schwingungen

Finite-Elemente-Methode (CAE)

Anwendungen und Lösungen

Die Finite-Elemente-Methode (CAE) ist heute in den Konstruktions-
und Entwicklungsbereichen der Industrie nicht mehr wegzudenken.
Die heute übliche automatische Vernetzung kann ohne das Grundlagenwissen zu gravierenden Fehlern füh
ren.

Was Sie in diesem Buch lernen werden

- Grundbegriffe und Gesamtsteifigkeit

- Flächen- und Volumenelemente

- Vernetzungsregeln

- Versuche

- Dynamische Berechnungen

- Nichtlinearität

Numerische Dynamik

Grundlagen-Modellbildung-Anwendungen

Die Numerische Dynamik ist ein bedeutender Bestandteil im Engineering. Sie vermittelt die physikalischen Zusammenhänge, um Konstruktionen unter bewegten Belastungen zu dimensionieren.

Was Sie in diesem Buch lernen werden

- o Grundbegriffe

- o Einmassensystem

- o Zweimassensystem

- o Mehrmassensystem oder Kontinuum

- o Numerische Lösung der NEWTON-EULER-Gleichung

- o Berechnungsbeispiele

Numerische Dynamik Übungen

Grundlagen-Modellbildung-Anwendungen

Die Numerische Dynamik ist ein bedeutender Bestandteil im Engineering. Sie vermittelt die physikalischen Zusammenhänge, um Konstruktionen unter bewegten Belastungen zu dimensionieren.

Übungen mit vollständigen Lösungen.

Was Sie in diesem Buch lernen werden

- o Einmassensystem

- o Zweimassensystem

- o Mehrmassensystem oder Kontinuum

Technische Mechanik Statik

Die Technische Mechanik ist eine Kernkompetenz eines jeden Ingenieurs. Ohne diese Kenntnisse können die physikalischen Eigenschaften von Systemen nicht erfasst werden.

Was Sie in diesem Buch lernen werden

- Mathematische Grundlagen
- Arbeitsbegriff der Statik
- Gleichgewicht
- Schnitt- und Reaktionskräfte
- Haftung und Reibung
- Raumstatik

Technische Mechanik Statik Übungen

Die Technische Mechanik ist eine Kernkompetenz eines jeden Ingenieurs. Ohne diese Kenntnisse können die physikalischen Eigenschaften von Systemen nicht erfasst werden.

**Vollständig und mit möglichen Lösungsvarianten gelöste
Übungsaufgaben**

Was Sie in diesem Buch lernen werden

- o Mathematische Grundlagen
- o Arbeitsbegriff der Statik
- o Gleichgewicht
- o Schnitt- und Reaktionskräfte
- o Haftung und Reibung
- o Raumstatik

Technische Mechanik Elastostatik

Die Technische Mechanik ist eine Kernkompetenz eines jeden Ingenieurs. Ohne diese Kenntnisse können die physikalischen Eigenschaften von Systemen nicht erfasst werden.

Was Sie in diesem Buch lernen werden

- o Deformationen
- o Elastizitätsgesetz
- o Spannungen
- o Spannungszustände
- o Statische Bestimmtheit
- o Arbeitsbegriff der Elastostatik

Technische Mechanik Elastostatik Übungen

Die Technische Mechanik ist eine Kernkompetenz eines jeden Ingenieurs. Ohne diese Kenntnisse können die physikalischen Eigenschaften von Systemen nicht erfasst werden.

Vollständig und mit möglichen Lösungsvarianten gelöste Übungsaufgaben

Was Sie in diesem Buch lernen werden

- Deformationen
- Elastizitätsgesetz
- Spannungen
- Spannungszustände
- Statische Bestimmtheit
- Arbeitsbegriff der Elastostatik

Technische Mechanik Dynamik

Die Technische Mechanik ist eine Kernkompetenz eines jeden Ingenieurs. Ohne diese Kenntnisse können die physikalischen Eigenschaften von Systemen nicht erfasst werden.

Was Sie in diesem Buch lernen werden

- Kinematik
- Kinetik des Massenpunktes
- Kinetik des Massenpunktsystems
- Kinetik des Starrkörpers
- Ebene Bewegung
- Schwingungen

Technische Mechanik Dynamik Übungen

Die Technische Mechanik ist eine Kernkompetenz eines jeden Ingenieurs. Ohne diese Kenntnisse können die physikalischen Eigenschaften von Systemen nicht erfasst werden.

Vollständig und mit möglichen Lösungsvarianten gelöste Übungsaufgaben

Was Sie in diesem Buch lernen werden

- o   Kinematik
- o   Kinetik des Massenpunktes
- o   Kinetik des Massenpunktsystems
- o   Kinetik des Starrkörpers
- o   Ebene Bewegung
- o   Schwingungen

Projektmanagement und Business Coaching

Grundlagen des agilen Projektmanagements mit Methoden des Systemischen Coachings

Projektkompetenz ist heute die Kernkompetenz für jeden Berufstätigen. Ohne die Strukturierung durch das Projektmanagement sind Abläufe in Unternehmen nicht mehr zu bewältigen.

Was Sie in diesem Buch lernen werden

- Strukturierte Pläne
- Optimale Nutzung der Ressourcen
- Klar bewertbare Projektziele
- Angepasste Informationssysteme
- Führung des Teams
- Strategische Projektziele

Computer Aided Engineering (CAE)

Anwendungen und Lösungen

CAE ist heute in den Konstruktions- und Entwicklungsbereichen der Industrie nicht mehr wegzudenken. Die heute übliche automatische Vernetzung kann ohne das Grundlagenwissen zu gravierenden Fehlern führen.

Was Sie in diesem Buch lernen werden

- Grundbegriffe und Gesamtsteifigkeit
- Flächen- und Volumenelemente
- Vernetzungsregeln
- Versuche
- Dynamische Berechnungen
- Nichtlinearität

Numerische Dynamik

Grundlagen-Modellbildung-Anwendungen

Die Numerische Dynamik ist ein bedeutender Bestandteil im Engineering. Sie vermittelt die physikalischen Zusammenhänge, um Konstruktionen unter bewegten Belastungen zu dimensionieren.

Was Sie in diesem Buch lernen werden

- Grundbegriffe
- Einmassensystem
- Zweimassensystem
- Mehrmassensystem oder Kontinuum
- Numerische Lösung der NEWTON-EULER-Gleichung
- Berechnungsbeispiele

Numerische Dynamik Übungen

Grundlagen-Modellbildung-Anwendungen

Die Numerische Dynamik ist ein bedeutender Bestandteil im Engineering. Sie vermittelt die physikalischen Zusammenhänge, um Konstruktionen unter bewegten Belastungen zu dimensionieren.

Übungen mit vollständigen Lösungen.

Was Sie in diesem Buch lernen werden

- o Einmassensystem
- o Zweimassensystem
- o Mehrmassensystem oder Kontinuum